大型火电机组
经济运行及节能优化

大唐国际发电股份有限公司 ■ 编

中国电力出版社
CHINA ELECTRIC POWER PRESS

内 容 提 要

国务院印发的《"十二五"节能减排综合性工作方案》，对电力行业的节能减排工作提出了更高要求。对于火电机组而言，采用先进节能技术，加强管理，对提高机组经济运行水平和有效降低机组能耗的意义重大。

本书在若干大型火电机组的经济运行及节能优化工作的实践基础上，总结了机组的节能及运行优化措施，其内容包括机组热力系统、燃烧系统、烟风系统、辅助系统的选型优化，机组启停方式、辅机运行方式、热工控制系统、电气设备运行方式、负荷经济调度、汽轮机冷端优化等，以及具体机组的经济运行案例分析等内容。

本书供火电机组尤其是大型火电机组的选型设计人员、机组运行技术人员和管理人员、节能专工、检修人员使用，也可供高等院校相关专业的师生参考学习。

图书在版编目（CIP）数据

大型火电机组经济运行及节能优化/大唐国际发电股份有限公司编. —北京：中国电力出版社，2012.1 (2020.6重印)

ISBN 978-7-5123-2397-1

Ⅰ.①大… Ⅱ.①大… Ⅲ.①火力发电－发电机－机组－运行②火力发电－发电机－机组－节能 Ⅳ.①TM621

中国版本图书馆CIP数据核字（2011）第244177号

中国电力出版社出版、发行
（北京市东城区北京站西街19号 100005 http://www.cepp.sgcc.com.cn）
北京雁林吉兆印刷有限公司印刷
各地新华书店经售

*

2012年1月第一版 2020年6月北京第三次印刷
710毫米×980毫米 16开本 10.25印张 187千字
印数5001—6000册 定价 46.00元

版 权 专 有 侵 权 必 究

本书如有印装质量问题，我社营销中心负责退换

《大型火电机组经济运行及节能优化》编委会

主　　任　佟义英
副 主 任　方占岭
编写人员　王英华　祝　宪　金日峰　申建东
　　　　　　谢德勇　肖　锋　刘　勇　胡继斌
编审人员　张红初　项建伟　孟庆庆　赵　荧
　　　　　　王立光　付俊杰　黄俊峰　李小军

大型火电机组经济运行及节能优化

序

　　资源节约和环境保护是我国的基本国策，推进节能减排工作，加快建设资源节约型、环境友好型社会是我国经济社会发展的重大战略任务。2006年，国家"十一五"规划纲要第一次把节能减排列为约束性目标。"十一五"期间，全国各地区、各部门认真落实党中央、国务院的部署和要求，把节能减排作为调整经济结构、转变经济发展方式、推动科学发展的重要抓手和突破口，取得了显著成效。全国单位国内生产总值能耗降低19.1%，二氧化硫、化学需氧量排放总量分别下降14.29%和12.45%，基本实现了"十一五"规划纲要确定的约束性目标。特别是电力行业，作为国民经济的基础性产业，依靠科技创新，强化管理，优化结构，五年间累计降低供电煤耗37g/kWh，五大发电集团二氧化硫排放总量降幅超过了30%，为全国节能减排目标的实现作出了重要贡献，为保持经济平稳较快发展提供了有力支撑。

　　"十二五"时期，我国发展仍处于重要战略机遇期，随着工业化、城镇化进程的加快和消费结构持续升级，我国能源需求呈刚性增长，受国内资源保障能力和环境容量制约，以及全球性能源安全和应对气候变化的影响，资源环境约束日趋强化。2011年8月30日，国务院印发了《"十二五"节能减排综合性工作方案》（国发［2011］26号）（简称《方案》），确定了"十二五"全国万元国内生产总值能耗下降16%，化学需氧量和二氧化硫排放总量分别下降8%，氨氮和氮氧化物排放总量分别下降10%的总体目标。《方案》是推进"十二五"节能减排工作的纲领性文件。与"十一五"相比，"十二五"《方案》出台时间明显提前，体现了党中央国务院对节能减排工作的高度重视，体现了继续把节能减排这项基本国策深入持久地抓下去的决心和力度，节能减排已经成为落实科学发展观、加快转变经济发展方式的重要抓手，已经成为检验是否实现经济又好又快发展的重要标准。

《方案》规定,"十二五"期间国家将依法加强年耗能万吨标准煤以上用能单位节能管理,开展万家企业节能低碳行动,实行能源审计制度,实现节能2.5亿t标准煤。火电企业作为能源转换单位,装机0.3MW以上的火电企业年耗标煤量均在1万t以上,几乎所有火电企业均将纳入到国家万家重点监管企业范围。"十二五"电力行业节能减排形势更加严峻,任务更加艰巨。

对于发电企业而言,加强节能减排工作既是贯彻落实党中央、国务院的方针政策,也是企业自身生存、发展的内在需求,更是企业义不容辞的责任和应尽的义务。面对国家对节能减排工作更高的要求和更严厉的考核,发电企业要进一步降低能源消耗和污染物排放。装备是基础,管理是关键,技术进步是保障;及时有效推广应用先进节能技术,切实提高装置水平,是确保各项节能目标实现和保持指标先进性的根本途径。

为了在公司系统更好开展节能减排工作,大唐国际发电股份有限公司组织系统内专家,从机组设计、设备选型、建设安装、调试运行各阶段对大型火力发电机组采用的节能技术进行梳理和提炼,并参考了大量国内外文献编写《大型火电机组经济运行及节能优化》,力求详尽介绍当前国内外大机组节能技术的应用成果,推动节能降耗技术的应用和发展,推进"资源节约型、环境友好型"企业建设。

安洪光
2011年8月

前 言

火电机组的能源转换效率主要取决于设备的设计水平和制造、安装工艺水平。发电企业的节能管理、设备改造和优化运行对机组转换效率的提高也起着至关重要的作用。如何保证机组在其现有的技术装备水平下接近或达到设计值是摆在我们电力工作者面前的一项重要任务，如何依靠技术进步进一步提升机组的能源转换效率，实现科学发展上水平是我们面临的重大课题和挑战。2011年9月27日，国务院召开全国节能减排工作电视电话会议，国务院总理温家宝作重要讲话，从调整优化产业结构、坚持科技创新和技术进步、完善节能减排长效机制、加强节能减排能力建设、推进重点领域节能减排五个方面提出了重点要求。

"十一五"期间，一些投入少、见效快的节能措施已经得到广泛实施，进一步挖掘节能潜力的难度在不断加大。为进一步探索确保完成国家"十二五"节能减排更高目标要求的节能措施和手段，我们在总结了大唐国际发电股份有限公司及行业内多年节能减排工作实践和经验的基础上，组织大唐国际发电股份有限公司有关专家编写了本书。本书系统地对火电机组的设计、设备选型、建设安装、调试运行、生产管理等各阶段节能技术的应用和优化提出了指导意见，并结合实际应用案例加以说明，共同行们参考借鉴。希望以此进一步加快火电机组先进节能技术的应用，促进我国电力行业节能技术的共同进步，为创建资源节约型和环境友好型发电企业，实现企业的跨越式发展作出应有的贡献。

本书在编写过程中，得到了大唐国际发电股份有限公司所属广东大唐国际潮州发电有限责任公司、天津大唐国际盘山发电有限责任公司等单位及领导的大力支持，大唐国际发电股份有限公司安洪光副总经理为本书作序，在此一并致谢。

由于影响火电机组经济运行涉及的因素很多，以及火电机组技术的不断进步，书中难免存在疏漏之处，敬请读者批评指正。

本书编委会
2011 年 8 月

目 录

序
前言
1 机组设计选型优化 1
　1.1 热力系统设计优化 1
　1.2 燃烧系统设计优化 10
　1.3 烟风系统设计优化 18
　1.4 汽轮机冷端设计优化 25
　1.5 辅助系统设计优化 31
2 机组经济运行优化 42
　2.1 启停机方式优化 42
　2.2 辅机运行方式优化 48
　2.3 汽轮机冷端优化 56
　2.4 热力系统优化 65
　2.5 燃烧、烟风系统优化 69
　2.6 辅助系统方式优化 74
　2.7 机组滑压运行及配汽方式优化 85
　2.8 负荷经济调度 87
　2.9 热工控制系统优化 91
　2.10 电气设备运行优化 95
3 机组经济运行案例分析 101
　3.1 亚临界 600MW 机组的低压缸改造 101
　3.2 高、中压缸隔板和轴封汽封改进 102
　3.3 高、中压缸进汽插管改造 102
　3.4 汽封间隙调整优化 103
　3.5 抽真空管道加冷却装置 104
　3.6 中速磨煤机喷嘴环、密封装置改造 104

3.7 锅炉定排扩容器排汽（水）回收方案 …………………………………… 105
3.8 引风机液态电阻变速改造案例 ………………………………………… 106
3.9 凝结水系统节能降耗综合改造 ………………………………………… 107
3.10 汽动给水泵前置泵能耗大的治理 ……………………………………… 109
3.11 电动给水泵改汽动给水泵的技术经济比较 …………………………… 110
3.12 空冷凝汽器安全、经济运行方案 ……………………………………… 112
3.13 空冷机组基于背压修正的滑压曲线优化 ……………………………… 113
3.14 输灰系统优化案例介绍 ………………………………………………… 116
3.15 除渣系统优化案例 ……………………………………………………… 125
3.16 600MW 直接空冷机组凝结水溶氧超标治理 ………………………… 127
3.17 锅炉减温水量大的研究解决及节能效果 ……………………………… 131
3.18 直接空冷凝汽器高效水冲洗系统研究 ………………………………… 134
3.19 电厂仪用空气压缩机改造 ……………………………………………… 140
3.20 锅炉吹灰优化 …………………………………………………………… 141
3.21 掺烧劣质煤案例 ………………………………………………………… 142
3.22 锅炉燃烧调整优化试验案例 …………………………………………… 144
3.23 应用磁性槽泥和磁性槽楔改造电机的典型实例和节电效果 ………… 149
3.24 6kV 厂用电接线改造案例 ……………………………………………… 150

1

机组设计选型优化

机组设计是发电厂建设的关键点，也是机组安全、经济运行的基础。在项目前期进行优化电厂设计的工作，突出体现节能与环保设计的合理性、经济性、先进性，对于提高机组效率、降低投资、减少排放、节水节地等方面将起到重要作用。

我国火电厂设计，在经历了 20 世纪 80 年代引进 300～600MW 机组设计技术，2000 年燃煤示范电厂设计研究等之后，已有了较大的提高。但是与国际先进电厂的设计相比，仍有不少可以改进的地方。

消化吸收国内外现代化大机组先进可靠的成熟设计及优化技术和成功经验，采用节能新技术、新产品、新工艺，通过对机组的系统设计、参数匹配和设备选型进行优化，多方面提高机组效率，使机组投产后各运行经济指标处于领先地位。

设计优化途径大致可从多个方面着手，包括汽轮机冷端优化，合理降低汽轮机背压，降低汽轮机热耗；热力系统优化，减少热量损失，改善热力循环效率；锅炉燃烧系统和烟风系统优化，降低排烟温度；辅机选型优化，降低厂用电率；提高除尘器效率，脱硫、脱硝系统优化配置，减少排放，进一步节约淡水消耗量；合理厂区布局等。

1.1 热力系统设计优化

1.1.1 给水泵的设计选型优化

给水泵作为火电厂中能耗最大的辅机之一，其设计选型对电厂的效率、厂用电影响很大。

DL5000—2000《火力发电厂设计技术规范》中指出，对于 600MW 及以上机组，宜配置两台容量 50% 的汽动给水泵，并设置一台容量为 25%～35% 的调速电动给水泵作为启动和备用给水泵。目前，大机组在汽动给水泵的配置上有两种方案：①采用 2×50% 容量汽动给水泵；②采用 1×100% 容量汽动给水泵。机组的启动、备用给水泵通常为电动泵，其配置有三种方案：①采用启动、备用电动给水泵；②采用启动电动给水泵；③不配置电动给水泵。

近年来，随着汽动给水泵可靠性的不断提高及给水泵容量的不断增大，电动给水泵的备用功能越来越被弱化。一些大机组在电动给水泵的选型配置时已基本不考虑备用功能而仅考虑启动功能，甚至完全取消电动给水泵。目前国际上已运行的百万等级机组中，日本电厂多采用 2×50% 汽动给水泵方案，欧洲电厂都采用 1×100% 容量汽动给水泵，但电动给水泵的配置绝大多数为 2×40% 以上容量带液力耦合器的调速电动给水泵。

一般 600MW 及 1000MW 湿冷机组，宜采用两台 50% 容量的汽动给水泵，其优点是当一台汽动给水泵组故障时，备用电动给水泵自动启动投入后仍能带 90% 以上负荷运行，对机组负荷影响较小。正是基于可靠性高的优点，日本百万等级电厂的汽动给水泵全部采用 2×50% 容量，而且该配置在国内百万等级电厂及一些 300、600MW 亚（超）临界机组上广泛采用。在确保可靠性的前提下，也可考虑采用 1×100% 容量的汽动给水泵。600MW 空冷机组根据技术经济比较后可不配置汽动给水泵，可采用三台 35% 容量的电动调速给水泵，不再另设启动/备用泵。

新建工程可考虑设置启动电动给水泵；对于扩建工程，当有可靠汽源时，可考虑不设启动电动给水泵。若经论证需要设启动电动给水泵，其容量可按一台 15%～30% 容量考虑，驱动方式宜为调速或定速。

外高桥电厂三期工程在 1000MW 机组中，首次采用了 100% 容量汽动给水泵，自配独立的凝汽器，可单独启动，不设电动给水泵，其启动汽源来自相邻机组的冷段再热蒸汽。通过技术经济比较，100% 容量给水泵较 50% 容量给水泵效率高 2% 左右。以汽动给水泵组（含给水泵汽轮机、前置泵）为例，100% 容量给水泵较 50% 容量给水泵效率将提高 5% 以上。如此配置，大大降低了给水泵在机组启停阶段的能耗；与传统选型相比较，不仅设备投资省、系统简单，而且由于大容量给水泵汽轮机、汽动给水泵的效率高，节能效果也非常显著。与 2×50% 容量汽动给水泵方案相比，全容量给水泵比半容量给水泵效率提高 1%，整个机组的热耗下降约 18kJ/kWh。但设计中应充分考虑设置 100% 容量汽动给水泵的运行可靠性问题。

另外，为适应机组启停全程汽动给水泵上水的要求，在设计选型汽动给水泵及汽动给水泵汽轮机时，应考虑以下问题：

(1) 扩大汽动给水泵汽轮机的调速范围，以充分利用转速调节，降低主给水调节阀的节流损失；

(2) 选择合适的汽动给水泵最小流量再循环阀；

(3) 汽动给水泵调节性能应能满足锅炉点火初期及汽轮机冲转和并网的要求；

(4) 机组启动过程中，要求邻机在较高负荷下稳定运行，维持辅汽压力稳定；

(5) 给水泵汽轮机泵组在低转速时，确保轴承振动合格及转速控制稳定；

(6) 要考虑给水泵汽轮机排汽冷凝器的冷却面积、冷却水流量及喷水减温装置的合理调配。

1.1.2 汽（轴）封系统设计优化

近年来，在计算流体力学的推动下，汽轮机通流部分的设计有了很大进步，技术日臻完善，相比之下汽（轴）封漏汽损失逐渐成为制约汽轮机效率提高的主要因素。汽（轴）封性能的优劣，不仅影响机组的经济性，而且影响机组的可靠性。结合目前已投运的部分 600MW 及以上机组的实际运行情况，在设计选型时应注意以下几个方面：

(1) 目前陆续出现了采用先进技术设计的梳齿汽封（高低齿、斜平齿汽封）、自调整汽封（布莱登汽封）、刷式汽封、接触式汽封、蜂窝式汽封等多种新型汽封。采用新型汽封的目的是减小汽轮机汽封间隙，减少漏汽量，提高机组效率。应根据汽封形式特点的不同，在汽轮机通流部分不同部位采用不同形式的汽封，以达到最好的效果。

蜂窝式汽封的最大特点是它的除湿能力，密封机理是当汽流经过蜂窝汽封时，在前进方向上遇到阻力，从而改变汽流方向，进入蜂窝带，产生涡流，形成阻尼效果。蜂窝式汽封的优点是用在低压部分除湿效果好；缺点是易磨损，间隙无法恢复，若间隙过小或膨胀不均，会造成蜂窝带与转子（或围带）面接触，可能导致振动加剧甚至发生转子抱死的情况。根据蜂窝式汽封的特性，在低压部分进行蜂窝汽封改造，如采用中压缸叶顶汽封、低压缸叶顶汽封和隔板汽封等。

布莱登汽封的工作原理是汽轮机运行时，依靠各级前后的压差变化来克服弹簧弹力，起到调节汽封间隙的作用。布莱登汽封的优点是解决了过临界振动大使汽封间隙造成永久增大的问题，能适应机组负荷的变化自动调整密封间隙；缺点是对水质要求较高，长期运行可能造成弹簧结垢、疲劳失效而无法长期保持灵敏的自调整效果，后期使用效果会降低。基于布莱登汽封对汽轮机级前后压差的要求，一般该汽封使用于高压部分隔板，因为在此处汽轮机级的前后压差可以满足需要，而中低压部分及轴封则不适用；而叶顶处直径过大，如果采用布莱登汽封，每相邻两块汽封处的接缝间隙预留将会很大，因此在此处形成的泄漏量未必能补偿汽封间隙调整后所获得的收益，因此叶顶处也不适合用此汽封。

接触式汽封是在汽封块中间嵌入一圈能跟轴直接接触的密封片，并且能在弹簧片的弹力作用下自动退让，以保证始终与轴接触。此种汽封的优点是可以与轴接触，属于柔性密封系列，能适应转子跳动，并能长期保持间隙不变。此种汽封的缺点是长期与轴面接触而摩擦生热，因此对材料的强度、物理特性等有较高要求，且产生的热量如不能及时排走，可能导致过热变形等；因此，此种汽封一般用在轴封最外侧效果最佳，可以有效地提高机组真空，但在高温段须慎用。

（2）轴封系统中高中压主汽门、调门门杆漏汽的回收利用。应根据各门杆漏汽的压力、温度等级设计合理的回收方案，在机组启停及正常运行时，门杆漏汽通路应可进行切换。设计时避免将门杆漏汽单独排入疏水扩容器或排地沟，尽可能避免将门杆漏汽接入轴封供汽母管；如设计接入轴封供汽母管时，应考虑对低压轴封供汽压力、温度控制的影响。

（3）轴封系统溢流管路设计优化。目前，大机组普遍设计采用自密封轴封系统，当机组达到自密封负荷以上时，高、中压轴封漏汽除满足低压轴封汽外，还有部分多余蒸汽需要溢流排放。为了充分利用这部分溢流蒸汽的热量，减少冷源损失、提高回热循环热效率、减小凝汽器热负荷、提高凝汽器真空，在设计时不仅要安装至凝汽器疏扩的轴封溢流管路，还应设计安装一路至对应压力的抽汽管路并作为正常方式运行。

（4）轴封备用汽源的设计优化。为减少热力系统损失，对于辅助蒸汽汽源可靠的机组，应研究取消冷段再热蒸汽供轴封汽源管路、主汽供轴封汽源管路的可行性；如保留主汽供轴封汽源管路，建议在来汽总管上加装一道隔绝总门，隔绝门前疏水管应加装疏水器并可靠投入，保证主汽汽源隔绝门严密。

（5）轴封温度测点布置。轴封温度测点布置与轴封减温器尽量保证 2m 以上的距离，轴封温度测点尽量靠近轴封，以避免出现轴封温度测点不能真实反映轴封汽温度。

（6）轴封系统的管路配置要进行准确计算，以确保各低压轴封供汽压力均衡。

（7）轴封系统的疏水设计优化。轴封系统的各段汽源调整门、隔绝门前应设置质量可靠的疏水装置，既要可靠疏水，又要防止漏汽。轴封母管疏水应设置疏水罐、疏水器，疏水罐水位高低与疏水器旁路电动门组成连锁逻辑，不得采用孔板式疏水管直排凝汽器。轴封系统的疏水原则上应全部回收到凝汽器疏水扩容器或轴封加热器，取消对空排的疏水管。

（8）给水泵汽轮机的轴封供汽宜取自汽轮机低压轴封母管，不得将高参数蒸汽降压降温后使用。

1.1.3 降低压损的设计优化

当蒸汽、水、风、粉等介质流经热力系统时，不可避免地将产生能量损失，管路的长度及直径、弯头数量及形状、阀门的布置等因素不仅直接影响到能耗大小，而且关系到设备与管路的冲刷磨损。设计时应充分考虑管路及阀门、弯头等阻力型部件产生的系统压降，提高系统的热经济性。

(1) 电厂应准确提供新建机组的水文、气象、燃料等原始资料，对设计院提出设计优化要求，参与电厂平面布置、设备选型和主要参数的确定。在保证安全的前提下，合理匹配主机参数和选择辅机裕度，选用高效辅机，降低系统及管道损耗。

(2) 主蒸汽、再热蒸汽管系和给水管系的设计优化。根据材质和环境条件选择合理的参数，对整个主蒸汽、再热蒸汽管系和给水管系进行管径设计优化，取用较低的压降水平，用不增加或增加不多的投资换取长期的热经济性，同时在整个主蒸汽、再热冷段、再热热段系统的管系中尽可能采用弯管设计，减少弯头使用数量。根据计算，再热压损每下降1%，汽轮机热耗约下降0.072%。目前国内的设计规范一般规定：大容量机组锅炉过热器出口至汽轮机进口的压降，宜为汽轮机额定进汽压力的5%；冷段再热蒸汽管道、再热器、热段再热蒸汽管道额定工况下的压力降，宜分别为汽轮机额定工况下高压缸排汽压力的1.5%～2.0%、5%、3.5%～3.0%（即再热系统的压降按高压缸排汽压力的10%控制）。

随着燃料价格的不断上涨且因超超临界机组的再热蒸汽压力比亚临界机组有较大的提高，美、欧的设计规范已将此压降定在8%及以下。主蒸汽、再热蒸汽管道也可考虑采用大于等于3D（D为管道直径）的弯管统一设计，进一步降低压损。该设计一般可以获得三重效益：

1) 3D弯管的造价远低于弯头的造价，设备造价同比下降约15%～20%（需根据当时管材的实际价格具体计算）。

2) 采用大于3D弯管设计的局部阻力系数大大低于1.5D弯头，能有效减少管系的压降。

3) 与1.5D的弯头相比，大于3D的弯管在运行时产生的振动明显减小。

经过优化设计，外高桥三厂1000MW机组再热压损在机组投产验收试验中达到了6.7%的国际先进水平。

(3) 阀门的设计优化。在设计中合理选择各种阀门的型式、数量；尽量减少管道的弯头和阀门数量，减少阻力型部件造成的流动损失，也可以有效地降低管系的压降。阀门应优选阻力小、内漏少、经久耐用且经过实践证明可靠的阀门，调节阀应选择流阻小、线型好、耐冲刷的阀门。对于低压水系统，应优先采用阻力小的蝶阀。

(4) 给水泵汽轮机的轴封用汽应取自汽轮机低压轴封系统，不得将高参数蒸汽降压降温后使用。

(5) 基建时制造厂家应明确主汽门临时滤网的拆除条件，便于投产后及时拆除。

(6) 应根据系统布置，计算确定开式循环冷却水系统是否需设升压水泵或需设升压水泵供水的范围。

（7）循环水泵房选址应取距主机房较近的位置，增大转弯半径，根据水质情况考虑设置二次滤网的必要性。

（8）扩大给水泵汽轮机的调速范围，充分利用转速调节，降低主给水调节阀的节流损失。

（9）若制粉系统采用中速磨煤机正压直吹冷一次风方式，磨煤机选HP系列比MPS系列阻力小，可在煤种适应范围内优先考虑。

（10）选择风机时，除考虑风机的效率特性、检修维护条件及抗炉膛内爆特性外，还应考虑风机的耐磨性能、设备投资等因素。关于动叶可调轴流式风机的使用，虽然其造价稍高，但由于具有调节范围宽、变工况时效率高、检修方便等优点，应优先选取动叶可调轴流式风机。

（11）湿法脱硫装置与机组同步建设的，应布置在除尘器与烟囱之间，为节约投资，减少系统阻力及方便运行调节，可考虑将引风机和增压风机合二为一设计（需具体计算，并考虑有利于运行的调整）。

（12）合理选择烟风道的位置、距离、通径、转弯半径等，锅炉烟风道布置在考虑锅炉后部设备布置情况下，尽量减小锅炉中心线至烟囱中心线的距离，布置烟风道时尽量减少不必要的弯头。

1.1.4 疏、放水系统阀门的设计优化

由于安装和设计原因，目前机组存在管道阀门冗余的情况，增加了设备的泄漏点，影响了机组经济性。因此在机组设计和安装时，对疏放水阀门考虑以下优化原则。

（1）疏放水阀门设计时尽量考虑重力自然疏水的方式，减少疏放水阀门数量和泄漏损失。对冗余不用的阀门（机组投运后不会使用的阀门，通过适当调整运行操作方式就可以不用的阀门，设计时为了满足机组某种运行工况或方式、而运行实践又无法实现这些方式而设计安装的阀门）应考虑取消。

（2）根据工质的能级品质不同，采取分级合并疏水的原则对疏水系统进行优化。

（3）在疏放水管道阀门后3～5倍的管径位置应安装温度监视测点，上传至DCS监视，以便及时发现阀门是否泄漏。

针对目前已投运机组在疏、放水系统阀门的设计中存在的问题，按照DL/T 834《火力发电厂汽轮机防进水和冷蒸汽导则》和DL5000《火力发电厂设计技术规程》推荐，采取如下设计优化方案：

（一）辅助蒸汽系统

机组间辅助蒸汽联箱的联络管道在设计时宜高于辅助蒸汽联箱标高，同时管道

倾斜布置（最小2/100），以便重力疏水至辅助蒸汽联箱，减少辅助蒸汽联络管道系统的疏水点。

冷再供辅汽、四段抽汽供辅汽的管道阀门尽量考虑靠近辅助蒸汽联箱，同时供汽管朝汽源方向以一定的坡度倾斜布置（最小2/100），减少疏放水阀门数量。

辅助蒸汽系统疏水应采取连续疏水器加旁路的形式直排扩容器，不得采用孔板式疏水管。

系统吹管和暖管时应使用旁路门暖管，以防连续疏水器堵塞；辅助蒸汽系统疏水管道应设置总门，以便于运行中进行连续疏水器的清理检修和旁路门不严的处理。

机组正常运行中，辅助蒸汽应由低压汽源提供蒸汽。该汽源应能保证在机组达最低技术出力的情况下各用户的可靠供汽，辅汽高压汽源作热备用。

（二）凝结水、给水系统

凝结水启动放水阀门应保证关闭严密，建议采取电动门加手动门的形式。对于开式循环水系统，凝结水启动放水应考虑回收。为防止除盐水箱水质污染，建议取消凝结水精处理出口至除盐水箱的排水管路。

给水泵再循环建议采取电动门→调节门→手动门的形式，电动门和调节门联动开启，以减少泄漏。

在除盐水到除氧器的补水管道上，为方便机组启动时调节除氧器水位，建议加装管道调整门。

（三）主、再热蒸汽及本体疏水系统

主再热蒸汽管道在管道走向布置设计时，应尽量考虑减少最低点以减少疏水点，主、再热主汽门前设计有疏水分管的或主汽管道为双路设计的，可以考虑两路管道疏水合并。

主汽门前及再热主汽门前的左、右疏水管的疏水，应经过两道疏水隔绝门到疏水扩容器，确保无泄漏。

抽汽管道和其他疏水管的疏水，应经过可靠的两道疏水隔绝门后到疏水扩容器，确保无泄漏，手动门仅在电动门（或气动门）不严的情况下才临时关闭。

在电厂设计时，应考虑汽轮机疏水系统的合理性。在高压外缸、中压外缸、高中压缸排汽区、低压缸应设疏水的部位，如已设有抽汽口，可由相应部位抽汽管道第一个阀门前疏水取代，则可以不再设置疏水点；高、中压缸平衡管疏水可通过重力进行疏水；左右侧主汽门阀体疏水、主汽导汽管疏水、调速汽门阀座前后疏水、中压联合汽门后导汽管疏水等，可以考虑按照在任何工况下，压力相同的可以采用并联形式的原则进行合并。

疏水阀门后的管道要按照压力等级分别排放到不同的疏水扩容集管，严禁串排。例如抽汽隔离门、止回门、高压缸排汽止回门前后的疏水应单独排放到疏水扩容集管，严禁汇合后排放。

对高压缸排汽设计有通风阀的机组，应该在通风阀前加装电动止回门，并加入相关逻辑，同时通风阀管道疏水可考虑使用高压缸排汽止回门前疏水替代。

对于设计有高压门杆漏汽可以向凝汽器和高排切换的机组，对凝汽器排放的管道宜采用手动门（电动门）→电动门（或气动门）到疏水扩容器的形式，手动门仅在电动门（或气动门）不严的情况下可临时关闭。

应用新的管道设计理念。如主蒸汽、再热蒸汽和汽轮机本体管道的疏水阀门控制模式由我国通常采用的以机组负荷控制改变为SIEMENS设计准则，即以管道上下壁温控制。经实践证明，以上方式可大大减少热源的损失，提高机组经济性。

（四）抽汽管道及回热系统

对加热器疏水系统进行设计优化，以尽可能地回收热量，提高机组的热经济性。

抽汽管道不应装设放空气门、管道放水门，检修放水可通过管道疏水实现。

卧式加热器凝结区的放水可以考虑使用危急疏水管道放水代替，加热器汽水侧停机充氮保养安装的阀门可以考虑优化。

为了减少加热器紧急疏水阀泄漏，在紧急疏水调节阀前安装电动门（若有手动门，可更换为电动门），逻辑修改为电动门和调节门同时开启，同时加热器疏水应安装温度监视测点，以及时发现是否泄漏。

各加热器的空气管应通过缩孔直接排入除氧器或凝汽器，不能采用逐级排放方式。

（五）真空系统

凝汽器抽空气管道宜倾斜布置，以便于疏水汇流至凝汽器或真空泵，凝汽器抽空气管道不宜设置放空气门和放水门。

给水泵汽轮机排汽管道放水应直接排入凝汽器疏水扩容器，不宜对空排放。

总之，在疏放水阀门优化时，也要注意立足机组本身特点同时考虑正常运行、冷态、热态及甩负荷后的启动情况，要进行科学的优化分析，防止产生安全隐患。

1.1.5 凝结水系统的设计优化

（1）对于参与调峰的大容量机组，在设计时应考虑给凝结水泵安装变频器，以实现凝结水泵变频调节控制，减小节流损失。从目前部分600MW机组凝结水泵变频改造后的节能效果来看，通过变频改造，凝结水泵节电率普遍在50%以上。

（2）凝结水泵设计选型时应选择合理的扬程与流量裕度。目前运行机组普遍存在凝结水泵的设计扬程偏高，以及节流压差、凝结水泵耗功大的问题。例如，某超临界600MW机组满负荷运行时除氧器压力约为0.98MPa，凝结水泵出口压力为2.2MPa，而凝结水泵设计扬程为4.0MPa，设计扬程明显偏高，节流损失很大。

（3）近年来投产的600MW及以上容量机组，凝结水泵除设计采用变频器调速控制外，凝结水泵台数的配置还有两种设计方案：一种为一机两泵，一台运行、一台备用；另一种配置为一机三泵，两台运行、一台备用。相对而言，后一种方案虽然多一台水泵，但是单台水泵的容量仅为前一种方案的50%，备用泵的容量减少，因此该配置具有一定的优势和灵活性。

（4）在设计凝结水系统时，还应考虑到凝结水调节方式的多样性和灵活性，在凝结水至除氧器的管道上应分别设置调整门和旁路门，以备在机组启停、低负荷、凝结水泵变频故障时及其他一些特殊工况下使用（或配合调节）。

（5）凝结水补水系统通常设计安装两路补水管路，一路为启动补水管，另一路为正常补水管。基于目前运行机组启动补水多接至凝汽器热水井，处于基本不用的状态，同时由于启动补水内漏会造成凝结水溶氧量升高，因此建议设计时取消启动补水管路。正常补水应考虑利用负压补水，通过雾化喷淋装置补至凝汽器喉部，以起到辅助除氧的作用。

（6）凝结水泵密封水设计时应考虑回收，以节约用水。

1.1.6 高低压旁路系统的设计优化

（1）600MW及以上容量机组的旁路系统设计选型应综合考虑机组的启动方式、机组特点及设备投资等方面的因素，可以选择高低压两级串联旁路、三用阀旁路系统或者高压一级大旁路。其中，两级串联旁路是目前国内600MW以上大容量机组普遍采用的一种旁路型式。

（2）旁路系统按照通流量又可分为启动型和全通流型旁路。全通流旁路的设计通流量为100%BMCR，并设计有快开保护功能，在大负荷下机组跳闸时可快开，保护过热器、再热器不超压。为提高响应速度，全通流旁路减压阀通常选用液动或气动执行机构。启动型旁路的设计通流量一般为（30%~40%）BMCR，主要用作机组启动阶段的暖管，提升主再热汽温，保护主再热器。由于旁路系统一般不投入快开保护功能，为防止旁路误开，旁路减压阀一般不宜设计选用气动（液动）执行机构，应尽可能采用电动执行机构。从目前的运行使用情况看，旁路系统应按照启动旁路设计。

（3）由于旁路系统的调节阀在运行中经常出现内漏问题，严重影响机组运行经济性，因此，旁路系统设计时可考虑在旁路减压阀前加装一道电动截止阀。

（4）对于旁路系统的暖管管路设计，应采用如图1-1所示方式设置，避免使用跨接高压旁路调节门前后的暖管小旁路而造成蒸汽热量损失。

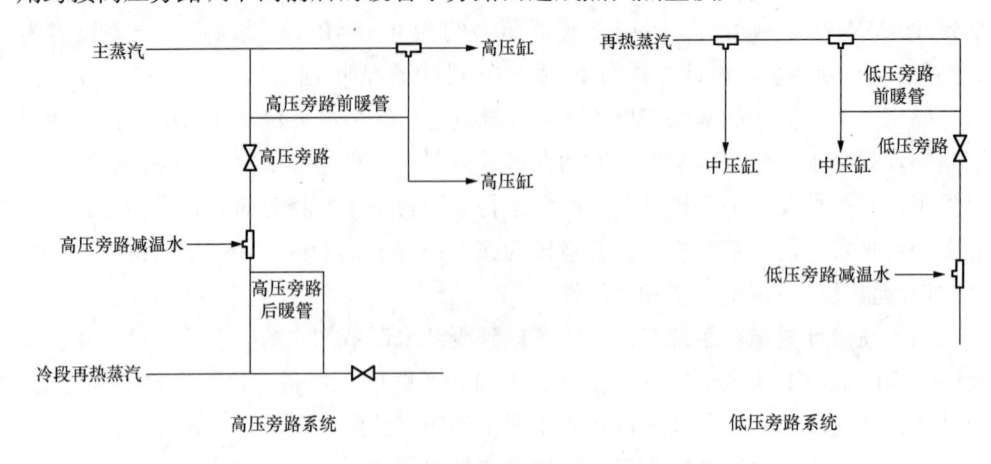

图1-1 高低压旁路系统图

1.2 燃烧系统设计优化

随着对锅炉燃烧的安全性、经济性、环保排放等要求越来越高，由此对锅炉设计提出了更高的要求，但高标准的设计也需要精细的调整来保证燃烧目的的充分实现。

1.2.1 等离子及油枪设计优化

在油价日益高涨的今天，点火及助燃用油是火力发电企业成本支出中比重很大的一部分，因此，火力发电企业采用少油、无油点火逐渐成为一种趋势。从启停机节约燃油的目的出发，目前较为流行的两大技术为等离子点火和微油点火。微油点火与等离子无油点火的共同点就是产生一个点火源，以点燃煤粉来代替燃油，从而达到节省燃油的目的。两者的共同优点：可以实现锅炉无油或少油点火启动。共同的缺点：燃尽率较低；当燃用挥发分为30%以下的煤种时，需要制订防止尾部烟道再次燃烧的措施。两大技术各有优缺点，用户可根据实际需要进行选择。等离子点火技术可以彻底实现无油点火，在设计时甚至可以考虑取消燃油系统，但存在的问题为点火初期燃尽率偏低，对点火煤种要求相对较高，另外还要受制于制粉系统最低出力、启动初期最低热负荷。微油点火虽然不能彻底实现无油点火，但从运行方面更容易掌握，可以更好地控制点火初期的锅炉热负荷，更为重要的是点火初期燃尽率较高，利于锅炉安全燃烧。

微油点火系统主要由微油点火系统、煤粉燃烧系统、热工控制与保护系统、辅助系统四部分组成。其工作原理：先利用一定的油压产生机械雾化后，再利用压缩空气的高速射流将燃料油直接击碎，雾化成超细油滴进行燃烧，同时巧妙地利用油燃烧产生的热量对燃料油滴进行加热、扩容，在极短的时间内完成油滴的蒸发汽化，使油枪在正常燃烧过程中直接燃烧气体燃料，从而大大提高燃烧效率及火焰温度和燃烧的稳定性。

等离子无油点火是利用等离子发生器将空气电离为阴、阳粒子，利用直流电流（280～350A）在介质气压为 0.01～0.03MPa 的条件下产生高温电弧，并在强磁场下获得稳定功率的直流空气等离子体，该等离子体在燃烧器的一次燃烧筒中形成 $T>5000K$ 的梯度极大的局部高温区，煤粉颗粒通过该等离子"火核"受到高温作用，并在 10～30s 内迅速释放出挥发物，并使煤粉颗粒破裂粉碎，从而迅速燃烧直接点燃煤粉。

微油点火与等离子无油点火的技术经济性对比见表 1-1。

表 1-1　　　　微油点火与等离子无油点火的技术经济性对比

项　目	微油点火（以汽化油枪为例）	等离子无油点火
初期投资	约 150 万元	约 600 万元
节油效果	正常启停一次耗油 2～3t	正常运行时启停基本不耗油
投运业绩	国内少有基建期使用的先例，大多为老设备改造	截至 2010 年底，国内业绩已经达到 1.7 亿 kW 的容量
设计	与设计单位配合量小	与设计单位配合量较大，主要为下层一次风燃烧器改造、各系统设计的配合
安装改造难易程度	对原系统改动不大	需要增加载体风系统、冷却水系统、制粉系统暖风设备及配电、控制设备等
运行难易程度	与普通油枪运行方式基本相同，运行人员易于接受	运行人员需要一定时间来熟悉、接受
设备维护难易程度	容易	较复杂
备品备件消耗	基本上没有	主要消耗件是阴极板，正常使用寿命约 40h，目前市场价格约 500 元
对煤质的要求	大多数煤种都可以使用	一般挥发分大于 15% 的煤种均可使用
环保方面	使用期间不能投入电除尘，对环保有一定影响	在启动初期即可投入电除尘，对环境保护有利

目前，大型机组更多采用了等离子燃烧系统与油枪共同布置的方式，等离子系统主要是用在机组启动过程中为降低启动用油而广泛采用的一种燃烧方式。随着等

离子技术的发展，等离子阴阳极寿命大为提高，使得等离子得到了广泛的应用，同时等离子系统也可以用于机组在低负荷时的稳燃；但在机组运行中遇到燃烧工况发生大幅波动、需要大量助燃时，等离子投运速度有可能无法满足要求。

(1) 考虑在火电厂初始设计中就采用微油或无油点火，既能节约初投资也可以大幅度减少机组调试、试运期间的燃油量。如果机组启停次数较少或者属于已安装燃油系统需要后期改造的火电厂，可以优先选择微油点火。燃煤火电厂应该对等离子无油点火等技术做长远关注，力争通过初设或者后期技改完全取消锅炉燃油系统，做到节约能源的同时减少火电厂的一个重大危险源。

(2) 对设置多层油枪的大型锅炉，可根据各层燃烧器油枪在锅炉实际运行中的情况对各油枪出力进行不同配置，将上层油枪设为大出力油枪，中下层油枪设置小出力油枪，小油枪起稳燃作用，大油枪在机组极热态启动情况下使用。

(3) 油枪宜采用压缩空气吹扫，而不建议采用蒸汽吹扫方式，避免蒸汽吹扫时带来工质浪费，同时避免油枪蒸汽吹扫系统在热备用时因疏水不及时造成吹扫蒸汽带水而影响吹扫效果。

(4) 采用等离子点火系统的暖风器宜设置在一次风母管的旁路上，当机组运行中不需要暖风器时可以将其退出一次风系统，减少系统通风阻力。同时将暖风器布置在一次风母管旁路上能提高暖风器的有效换热面积，提高暖风器出力。避免将暖风器布置在设有等离子燃烧器的磨煤机入口处，造成等离子磨煤机通风阻力大、磨煤机通风量不足的问题。

(5) 等离子点火系统中等离子冷却风机和等离子载体风机可以采取二合一设置，当载体风量不足时可以增设仪用压缩空气供气系统。

(6) 等离子冷却水泵可考虑与闭冷水泵采取串联运行方式。

(7) 根据不同的炉型及煤种，合理选择等离子燃烧器的安装位置。大型四角切圆直流锅炉为保证启动过程中水循环的安全，一般建议优先启动中、上层制粉系统，因此等离子燃烧器也应当设计安装在中、上层燃烧器上。

1.2.2 制粉系统设计优化

锅炉制粉系统包括一次风系统、磨煤机本体、输粉管道及相关附属设备，由于系统管路比较复杂，各辅机设备合理选型及管路系统优化布置对提高机组运行经济性有很大的意义。

一、一次风系统设计优化

由于一次风压力高，同时烟风挡板的严密性较差，考虑到机组运行中单台一次风机退出运行隔绝时，停运一次风机隔绝较为困难，两台一次风机出口之间可考虑不设置联络通道或在一次风机出口设置插板门。

实际运行中，一台一次风机跳闸属于机组辅机故障中危险程度较高的一种。主要的危险在于跳闸风机隔绝不严，一次风倒流造成一次风母管压力进一步降低，无法保证正常的输送粉能力。可以考虑将传统的一次风机出口电动挡板优化为气动快关挡板，可以在一定程度上解决该问题。

二、磨煤机选型设计

目前，电站锅炉所用的磨煤机按速度分主要是低速磨煤机、中速磨煤机和高速磨煤机。低速磨煤机主要有钢球磨煤机和双进双出磨煤机，中速磨煤机主要有碗式磨煤机（HP型）、辊轮式磨煤机（ZGM型），高速磨多为风扇磨煤机。各种制粉系统性能的综合比较见表1-2。

表1-2 各种制粉系统性能的综合比较

项目	中储式钢球磨煤机热风送风系统	中速磨煤机直吹式系统	风扇磨煤机直吹式系统	双进双出磨煤机直吹式系统
主要特点	（1）可以提高一次风温度 （2）煤粉细	（1）系统无漏风 （2）电耗低	（1）干燥性能好 （2）电耗低	（1）系统无漏风 （2）煤粉细
主要问题	（1）系统漏风 （2）抗爆性能差	需要清除煤中"三块"	研磨件寿命短	电耗高
适用煤种	无烟煤或低挥发分贫煤	高挥发分贫煤和烟煤	褐煤	无烟煤、贫煤、烟煤

磨煤机选择设计注意问题：

（1）煤质资料要齐全：磨煤机、制粉系统选择应根据煤的燃烧、爆炸特性、锅炉燃烧对煤粉细度要求、磨损情况并考虑电厂运行检修条件。电厂详细提供的煤质资料除了常规的工业分析、元素分析、发热量、可磨性指数外，还需要提供磨损指数。

（2）磨煤机选择要充分考虑煤种变化，满足不同煤种掺烧要求。对无烟煤、贫煤宜采用双进双出钢球磨煤机直吹系统；对挥发分较高的贫煤、烟煤采用中速直吹式制粉系统，但冲刷磨损指数 $K_e=3.5\sim5$ 的不宜选择HP型磨煤机；对褐煤宜选用风扇磨直吹式系统、中速磨直吹式系统。

（3）中速磨煤机宜考虑设置旋转分离器，以保证煤粉的均匀性。

对于大型锅炉，一般宜采用中速磨煤机正压一次风系统，对辊轮式磨煤机宜采用变加载系统以降低磨煤机单耗。

三、中速磨煤机进口风道优化设计

由于圆形管道承压能力强，在承受同样的压力下管壁厚度可以大为减小，中速磨煤机入口风道建议使用圆形风道。为降低磨煤机通风阻力，磨煤机冷、热风道布置应尽量减少弯头，尤其是直角弯头设计。同时，磨煤机入口一次风管道应预留足够距离的直管段以保证风量测量流场的准确性。同时考虑到磨煤机风量测量的准确性，风量测量装置宜选用文丘里或机翼式。磨煤机入口风道应倾斜布置，防止石子煤堆积在风道内，发生自燃。

四、中速磨煤机出口输粉管路优化设计

为降低磨煤机输粉管路阻力，应减少输粉管路的弯头数量和急弯设计；磨煤机分离器出口粉管直段和第一个弯头（背弧侧）应采用耐磨材料或做防磨处理。为防止输粉管路过长引起一次风粉温降过大而导致煤粉沉积在输粉管路上，输粉管宜加装保温层。

五、磨煤机加载方式优化

将磨煤机的加载力由恒定力改变为实时变化的加载力，加载力的大小随负荷而改变；当给煤机的给煤量随负荷发生改变后，由DCS传来的控制信号通过液压系统的作用，达到改变磨辊碾磨煤粉的碾磨力的功效。采用变加载方式运行，可提高磨煤机本身耐磨件的寿命并降低磨煤机的磨煤单耗；同时扩大了磨煤机的调节范围，适应机组调峰需要；另外，变加载磨煤机最小出力能够控制在25％额定出力内，能够满足微油点火或等离子点火的要求，适应锅炉点火初期控制升温升压速度的需要。

六、中速磨煤机分离器挡板的设计优化

磨煤机是燃煤火电厂的重要辅机之一。其运行状况直接影响锅炉的安全经济运行，同时，它也是电厂耗电最大的辅机之一。磨煤机出口煤粉细度直接影响锅炉的燃烧状况，而煤粉细度的大小与磨煤机及煤粉分离器的特性有关。在选用中速磨直吹式制粉系统时，磨煤机一般配置挡板式离心煤粉分离器。挡板式分离器调整煤粉细度操作不方便且控制精度不准，除非电厂煤质发生了很大变化，一般运行时不作调整，因此不能很好地适应锅炉燃烧煤质变化较大、较频繁的情况，也影响锅炉变负荷时的燃烧效率。近年来，国家对污染物排放的限制越来越严格，因而许多锅炉的制粉系统开始广泛采用旋转式煤粉分离器，以保证煤粉的均匀性。这样，既可方便地调节煤粉细度，有利于低NO_x燃烧器的运行，降低锅炉NO_x的排放水平，又可降低制粉系统电耗和飞灰含碳量。

1.2.3 氧量、飞灰测点设计优化

氧量是锅炉调整的重要参数，而飞灰是评价燃烧调整结果的非常重要的指标，两者在燃烧调整中的重要作用是显而易见的。但随着锅炉容量增大其尺寸也相应增大，由于烟气场的不均匀性，可能会使氧量、飞灰测量结果存在很大误差，从而影

响其对燃烧调整的指导作用，因此氧量、飞灰测点的优化就显得非常重要。

一、氧量测点优化设计

大型锅炉一般用氧化锆进行氧量测量。由于空气预热器入口烟气通道开阔且无障碍，烟气流速较高，不易积灰，烟气流通性好，氧化锆探头容易接触最新鲜的烟气，所以反映到氧量表上的数值比较接近真实值。宜将氧化锆探头设置在空气预热器入口烟道，同时在氧化锆探头的设置数量上，建议每侧烟道设置3个及以上，这样就更能真实准确地反映实际氧量值，便于运行人员根据氧量进行燃烧调整，维持合理的送风量和锅炉出口过量空气系数，以提高锅炉整体效率。

氧化锆氧量计位置的优化还要注意，对已投运的机组，如果风烟系统进行了对烟气流量、流速产生较大影响的改造，比如脱硫改造、烟气冷却改造等，需要对原位置安装的氧量计的准确性进行重新复核；因为烟气的流量、流速等发生变化后，原来氧量计位置的烟气流向、断面分布发生改变，可能导致氧量计测量不准。

二、飞灰测点设计优化

锅炉飞灰含碳量主要用于衡量电站锅炉和机组运行的经济性。当飞灰含碳量高时，反映出锅炉风煤比不合理，燃烧不完全，增加了固体颗粒的排放导致发电成本升高，使得煤粉的可利用价值降低，也给环保带来一定压力，同时增加了锅炉尾部烟道二次燃烧发生的可能性。目前锅炉飞灰取样分析主要为在线取样分析和离线取样分析。

（1）对于采用离线式飞灰检测装置的机组，由于高温烟气中含有一定的水蒸气，当飞灰在进入收灰罐的过程中，容易发生温度快速下降而导致结露黏结，造成管路堵塞，使装置无法正常工作。尤其在机组低负荷时，空气预热器出口烟气温度有时能降低到100℃以下，增加了结露的几率，所以宜将装置布置在空气预热器前烟道上。同时，在加装飞灰取样装置点上，应充分考虑烟气流场的均匀性，以保证飞灰取样具有较好的代表性，尽量远离烟道中有较大拐弯的地方，如省煤器灰斗等地方。同时对飞灰取样管应充分保温，以防止取样管因为结露导致堵塞。

（2）对于采用飞灰在线检测装置的机组，由于其测量装置受烟气中水蒸气影响较小，宜将飞灰在线检测装置安装在空气预热器之后、除尘器之前的直管段烟道内，因取样点附近烟道截面没有突变，气流平稳，这样烟气流速和灰样具有代表性，能真实反映飞灰的情况。

对于飞灰取样装置，要定期对其进行磨损度检查，防止因为取样元件磨损、取样不准而导致最终的化验数据失真。

1.2.4 过热、再热汽温控制的设计优化

汽包锅炉过热汽温的调整方式一般以喷水减温调节方式为主，直流锅炉的过热汽温调节以维持煤水比为主，喷水减温调节只作为精细调节手段。过热器喷水调温系统按减温水来源可分为给水泵出口、高压加热器出口、省煤器出口三种连接方式。三种方式以省煤器出口的经济性最佳，其次是高压加热器出口，最后是给水泵出口。

再热汽温调节原则上不使用喷水减温方式，应采用摆动燃烧器、调节烟气挡板为主，微量喷水为辅的调节方式。喷水来源于给水泵中间抽头。再热器烟气侧汽温调节方式与锅炉的燃烧方式有关，对于四角切圆燃烧方式的锅炉，常以摆动燃烧器来控制再热汽温度。旋流燃烧器前后墙对冲的锅炉多采用烟气挡板调节改变低温再热器的烟气量来调节再热汽温。

一、运行中存在的问题

(1) 摆动燃烧器易卡涩，角度不一致，摆动燃烧器自动调节效果不好。

(2) 调节挡板出现磨损严重、卡涩等问题，再热汽温被迫依赖减温水调节阀喷水控制。

(3) 部分锅炉设计时对煤的燃烧特性和高海拔地区煤粉燃烧特性考虑不足，炉膛结构尺寸、辐射和对流受热面分配比例设计不合理，引起炉膛吸热量不足，锅炉蒸发出力不足，使得实际炉膛出口烟温高于设计值，致使减温水量偏大、排烟温度偏高。

(4) 减温水调节阀采用电动调节时的动作时间较气动调节阀长，因为环境恶劣和使用强度大，机械和电气故障较多。

(5) 辅助风门一般采取四角布置层控方式，同层各角辅助风门由于犯卡、调节机构不灵敏等原因，开度不一致，对汽温调整和偏差有一定影响。

二、设计优化

(1) 针对摆动燃烧器易卡涩的问题，设计上可考虑将每个角布置一个执行器改为布置多个执行器，避免卡涩。同时对摆动机构应采取合理的设置，保证各角燃烧器摆动能够同步。

(2) 对于层控的辅助风门，可以优化为单控，即运行人员可以对每层每个角的辅助风门进行单独调整，这样更有利于进行精细化调整，同时可以考虑保留层控方式，方便大范围统一调整。

(3) 针对调温烟气挡板易受飞灰磨损的问题，设计上可考虑挡板采用耐磨材料或进行防磨喷涂，另外尽可能降低烟气流速。挡板转动部件设计时要充分考虑恶劣的工作环境，保证在高温烟气冲刷环境下转动灵活，可靠工作。

(4) 高海拔地区锅炉设计时应充分考虑煤粉燃烧特性，合理调整炉膛结构尺寸、辐射和对流受热面分配比例，避免引起炉膛吸热量不足，锅炉蒸发出力不足使得实际炉膛出口烟温高于设计值，致使减温水量偏大、排烟温度偏高的问题。

（5）减温水调节阀宜采用分体式气动执行机构，将控制单元与气动单元分开，执行机构控制部分安装在环境较好的区域，避免控制单元因温度高、振动频繁导致故障，可以延长其控制单元的使用寿命与运行周期，同时气动执行机构气缸或薄膜阀较电动执行机构耐高温性能好、动作灵敏。

（6）炉顶包厢内壁温测点走向设计优化：不同炉型的壁温测点数量一般在140～180之间，从炉顶包厢内引出的温度元件走向基本分为两种，一种是壁温元件从包厢侧面引出；另外一种是壁温元件从包厢顶部引出。若包厢内发生蒸汽泄漏，及时发现打开人孔门后，在包厢内下部的蒸汽较顶部要少一些，且水蒸气沿温度元件穿出通道水平方向流动的可能性基本没有（包厢内外压力相等），则在温度元件穿出处没有水与岩棉作用形成的酸性腐蚀性液体。设计宜从包厢侧面引出，可以避免温度元件的不锈钢铠装层遭到腐蚀而损坏。并且包厢内的温度元件易选用耐酸性的不锈钢铠装层，提高元件本身的防护能力，减少损坏的几率。

1.2.5 吹灰系统设计优化

在燃煤锅炉运行中，受热面的积灰和结渣是不可避免的，严重积灰和结渣对于锅炉的经济和安全运行非常不利。灰污的热阻很大，附着在受热面上将影响受热面的传热效果，导致锅炉排烟温度升高，锅炉整体效率下降。一般而言，受热面积灰结渣影响锅炉效率降低1.0%～2.5%。

积灰和结渣不仅使得受热面的传热效果降低，而且会引起受热面表面温度过高，导致受热面金属超温或产生高温腐蚀，甚至管排爆漏。此外，较大的渣块坠落还会引发锅炉水冷壁安全问题。

吹灰是减轻或消除受热面结渣和积灰的一个有效办法。一般来说，吹灰与不吹灰相比较，可以降低排烟温度15℃左右，锅炉效率提高1%～2%。

目前常用的吹灰器按照吹灰介质分为：蒸汽吹灰器、水力吹灰器、压缩空气吹灰器、声波吹灰器、钢珠吹灰器和气脉冲吹灰器。其中，蒸汽吹灰器由于其介质廉价易得而得到了普遍应用。其他形式的吹灰器使用不是十分广泛。对于蒸汽吹灰器，其研究方向集中于喷嘴设计，目的是消耗更少的蒸汽取得更好的吹灰效果。蒸汽吹灰器耗汽量一般占锅炉总蒸发量的1%。

空气预热器吹灰系统也属于空气预热器的一个主要辅助系统，对保持空气预热器蓄热片的清洁，维持烟气走廊畅通有着重要作用。空气预热器蓄热片烟气走廊一旦发生堵灰，造成出入口差压增大，将对锅炉风烟系统的安全经济运行带来极大的影响，甚至造成锅炉限负荷运行，因此也必须加以重视，寻求更合理的优化。

一、目前吹灰系统存在的问题

（1）大机组锅炉吹灰介质一般采用高参数的蒸汽。在保证吹灰效果的前提下，某些机组选择的吹灰参数较高，造成高参数介质的浪费。

（2）蒸汽管路疏水不充分，吹灰时易发生蒸汽带水的现象，影响吹灰效果。

（3）下层燃烧器对应的区域，运行中基本无结焦（渣）现象，进行定期吹灰不但造成吹扫蒸汽的浪费，甚至引起该区域水冷壁管的吹损。

（4）实际运行过程中，吹灰方式采用定时吹灰，不论积灰是否严重，对所有受热面实施吹灰，或根据排烟温度实施所有受热面的吹灰。积灰不严重的部位往往会出现过度吹灰的现象，造成受热面磨损严重，甚至出现爆管；对于积灰速度快且严重的部位，没有能及时进行吹灰，热阻增加，同时积灰层或熔渣有较强的腐蚀性，致使金属被强烈腐蚀，管壁减薄而爆管。

（5）空气预热器蒸汽吹灰系统也存在疏水不充分，蒸汽带水的问题。同时，在吹灰时间上也存在吹灰过度吹损蓄热片和吹灰不及时造成堵灰的矛盾。一旦堵灰初步形成，蒸汽吹灰的效果将更加不明显，可能会造成堵灰情况的加剧。

二、吹灰系统的设计优化

（1）吹灰系统汽源可考虑选用再热器进口蒸汽。

（2）疏水管路安装应采用单线强制疏水形式，应至少有5°的斜度，向排放端倾斜，以消除冷凝水滞留的"死端"。

（3）管路疏水装置应采用由温度控制的热力疏水阀，禁止只采用由时间控制的疏水形式，保持吹扫蒸汽有一定的过热度。

（4）设计中应保证足够的温度测点监视各受热面壁温和炉膛出口烟温的变化，合理安排吹灰。

（5）选择质量较好的疏水阀，避免运行中发生内漏。

（6）选择新型吹灰技术对吹灰系统进行技术改造，比如炉膛吹灰可以选择脉冲式气力吹灰技术、空气预热器吹灰可以选择弱爆炸波吹灰技术等。

（7）可考虑增加在线吹灰优化系统，进行运行实时吹灰优化。

1.3　烟风系统设计优化

1.3.1　降低烟风系统阻力

一、轴流风机进气箱优化设计

对于轴流风机进出风箱采取垂直于风机轴的布置方式，宜采取圆弧的进气箱并增加适当导流板以提高风机效率，如图1-2所示。

二、烟风系统优化设计

为降低烟风系统阻力，应尽量减少烟风系统中弯头的设计，尤其是要减少90°

弯头数量，对必须设置 90°直角弯头的地方，宜将直角弯头改为圆弧弯头，同时在弯头处增加导流板。

二次风采取大风箱的供风方式时，二次风道及风箱布置上宜采取 Y 型布置（如图 1-3 右所示），以保证前后墙风箱压力相对均匀，而不宜采取 F 型（如图 1-3 左所示）二次风道布置，以避免造成前后墙风箱压力偏差过大。

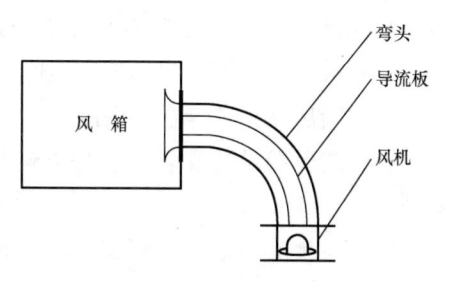

图 1-2 轴流风机圆弧进气箱

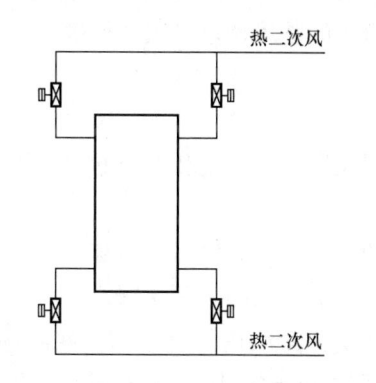

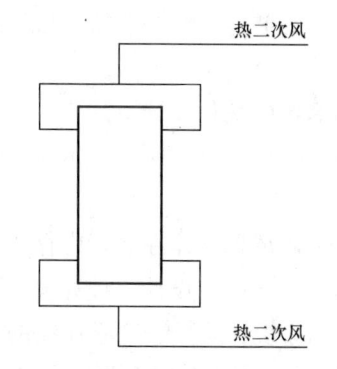

图 1-3 四角（八角）切圆

1.3.2 暖风器设计优化

锅炉暖风器是一种利用蒸汽为热源加热空气的锅炉辅机设备。一般暖风器热力系统是由暖风器本体、阀门、疏水箱、疏水泵等组成。锅炉在启动或者低负荷运行时排烟温度较低，或者在冬季运行时空气温度较低，容易使空气预热器冷端发生低温腐蚀。暖风器是带翅片的"汽—气热交换器"，以辅助蒸汽或机组抽汽为汽源，适用于北方寒冷地区火力发电厂在机组启动阶段和冬季运行中加热锅炉一、二次风，使其风温提高，提高空气预热器换热面冷端表面温度，防止发生低温腐蚀，通常暖风器的温升在 30~60℃范围内。

对暖风器系统宜按下列要求选择：

（1）暖风器的设置部位应通过技术经济比较确定，对北方严寒地区，暖风器宜设置在送风机入口。

（2）对转子转动式三分仓空气预热器，当烟气先加热一次风时，在空气预热器一次风侧可不设暖风器。

（3）暖风器在结构和布置上应考虑防冻、防堵灰、防腐蚀要求。对年使用小时数不高的暖风器,可采用移动式结构或装设旁路风道。

(4) 选择暖风器所用的环境温度,宜取冬季采暖温度或冬季最冷月平均温度。

一、暖风器系统存在的问题

(1) 暖风器设计安装不合理,运行中造成一、二次风道堵灰,影响机组运行安全。

(2) 设计的固定式换热器和空气流向垂直布置,增加了风道阻力,降低了经济性。

(3) 暖风器管道结垢、腐蚀。

(4) 暖风器疏水不畅通,管道振动,使暖风器管道发生破裂等现象。

(5) 对于安装在空气预热器入口风道内的暖风器,机组运行中会不方便检修人员维护。

二、暖风器的优化设计

暖风器优化设计研究应该从本体、暖风器热力系统和系统的主要热工参数三个方面进行。

(1) 分析暖风器本体在运行中存在的问题,比如泄漏、堵灰、水击,并提出相应的解决措施;分析在设计、计算暖风器时应注意的一些问题。

(2) 针对系统在运行中普遍存在的、使其无法正常运行的一些问题进行优化。由于外界环境温度是变化的,并且锅炉不同工况下的排烟温度也是变化的,所以要求暖风器系统具有可调性,以实现经济运行的目的。暖风器热力系统基本可以归纳为蒸汽侧调节型式、疏水侧调节型式和混合型调节型式。经分析研究后发现疏水侧调节型式运行效果较好,并分析了疏水侧调节系统相对于蒸汽侧调节系统的优越性。

(3) 影响暖风器热力系统的参数主要是暖风器出风温度和蒸汽参数。参数分析是建立在具有可控性的暖风器热力系统基础上的。在对具有可控性的暖风器热力系统分析时,利用编制的仿真软件计算发现,当仅提高暖风器出风温度或仅降低蒸汽参数时,节煤量都增大(在控制同一空气预热器冷端金属壁温的前提下,提高进风温度可相应降低排烟温度);当提高出风温度并且同时降低蒸汽参数时,节煤量显著增大,并且要比单独提高暖风器出风温度和单独降低蒸汽参数时的节煤量还要大。这说明提高暖风器的出风温度并且同时降低进入暖风器的蒸汽参数,可以使具有可控性的暖风器热力系统运行效果更好。一些试验研究证明:采用疏水侧调节的可控暖风器热力系统,并结合提高暖风器出风温度,采用较低参数的蒸汽等措施,可以使暖风器热力系统取得理想的预期效果。

暖风器的其他优化内容包括:

(1) 暖风器的设计和使用应符合相关要求,在防止低温腐蚀的同时,力争提高机组的整体效率，减少能量和工质损失。

（2）暖风器宜考虑采用抽屉式，在不投暖风器时可方便取出，或者设计为旋转式，不投运时将换热片转为空气流向一致方向，降低烟风系统阻力，同时抽屉式暖风器运行中发生泄漏时便于在线检修。

（3）暖风器二次风温设计值选择的原则是：在满足锅炉防腐蚀及不堵灰的前提下，尽量选择较低的风温，风温的控制应以空气预热器平均冷端温度不低于露点温度为准。

（4）全封闭式锅炉，送风机的入口分室内、室外风门，室内风门宜布置在锅炉房内的最高处。暖风器投入时，为提高二次风进入空气预热器的温度，应保持室内风门全开、室外风门关闭。

（5）暖风器汽源选择的原则为在满足风温和可供抽汽前提下，尽量采用较低压力的供汽汽源，并兼顾疏水系统正常工作方面的需要。

（6）暖风器的疏水建议回收至除氧器，实现汽水和热量的双重回收。

（7）在暖风器容量选择上，应结合电厂所燃用煤种的含硫量以及空气预热器对冷端综合温度的控制要求进行选择。

1.3.3 空气预热器设计优化

回转式空气预热器是目前我国大容量发电机组采用的主要类型。回转式空气预热器具有结构紧凑、体积小、金属耗量较少、传热效率高等优点。

漏风率是大机组空气预热器的主要设计指标之一，在锅炉最大连续蒸发量（BMCR）时，对漏风率有如下要求：①设计漏风率小于4%；②运行一年后漏风率不高于6%。

一、存在的问题

回转式空气预热器的波纹板式蓄热元件被紧密地放置在扇形隔仓内，由于流通空间狭小，很容易造成灰尘的沉积。空气预热器堵灰既影响到了锅炉设备的安全，也增加了设备的能耗，降低了发电厂的效率。

（1）空气预热器堵灰导致三大风机（送风机、引风机、一次风机）电流增大，排烟温度升高，锅炉效率降低，厂用电率升高。

（2）空气预热器堵灰增加了送风机、引风机喘振甚至导致锅炉RB事故发生的可能。当堵灰严重时，有可能导致机组无法满负荷运行，甚至迫使机组停运检修。

（3）空气预热器运行中卡涩。

（4）进出口非金属补偿器易泄漏。

（5）烟气密封不严，造成热烟气外漏，对控制元件、电缆等设备的安全形成威胁。

二、回转式空气预热器的设计优化

（1）防止空气预热器堵灰和低温腐蚀。

1）可考虑设置在线水冲洗装置，有效地控制空气预热器运行压差，提高机组运行经济性。

2）空气预热器冷段蓄热元件宜设计为耐腐蚀材料，使空气预热器更适应低温环境。

3）北方全封闭的厂房，冬季时可考虑风机在锅炉房内取风，可以提高入口风温$10\sim20℃$。

4）宜在空气预热器冷热端安装在线吹灰装置，定期进行吹灰。

5）采用热风再循环的系统，热风再循环率不应超过$5\%\sim8\%$，防止造成风机磨损。

6）空气预热器进出口烟风道宜采用金属补偿器，以利提高空气预热器运行的可靠性。

（2）空气预热器宜考虑采用先进的密封技术，如双密封、更多分仓、柔性密封等，保证空气预热器漏风率不大于4%。

1.3.4 风机选型优化

风机设计参数和选型是否合理是风机运行经济性和可靠性好坏的关键，既要考虑到满足正常运行工况时有一定的经济性，又要考虑到在一些异常运行工况下如空气预热器漏风加大、风机叶片磨损情况下能保证机组达到满出力运行。选大了则会使风机偏离高效区运行，还可能导致风机发生失速，威胁机组的安全经济运行；选小了会使锅炉无法达到额定出力。

一、风机与系统匹配优化

为机组选择合适的风机，是一项系统且又复杂的课题。着眼于风机设计和选型的几大问题，首先，风机采用串联还是并联方式接入系统，直接决定了风机的类型。目前，新建火电机组的脱硫系统必须和主机组同设计同投运。脱硫增压风机是否单独存在以及和锅炉引风机的连接方式等问题也是原始选型时必须考虑的问题。其次，风机的驱动方式，绝大多数都采用电机驱动。因此，在设计和选型上必须选择合适的电压等级，以追求最合理的风机单耗指标。如果能在原始设计和初次选型时就考虑到风机驱动的变频设计理念，甚至考虑到蒸汽驱动的先进理念，无疑可以为降低厂用电率和提高电厂效率奠定牢固的基础。最后，是风机的性价比问题，在保证需求和安全的前提下，选取性价比较高的风机形式，可以大量节约投资。性价比的选取不能单纯考虑初期投资，也要考虑到以后长期的运行中的维护和技改投资，要追求长远性价比。在最初选型时适当选择一些新工艺新技术的风机，比如耐磨耐腐的陶瓷风机、高效强动力的涡轮风机等,虽然增加了初投资,但是长远而言,是节约了整个发电运行成本的。

二、风机型式的主要参数及选型步骤优化

风机要选型,首先要确定气体的流量、压力、密度,这是风机选型过程的三个主要参数。

气体的密度(工况密度)是选型过程中最为关键的第一要素,若未给定密度则需根据风机的工况环境,如海拔、当地大气压、工作温度、气体的标准密度来计算或换算出工况气体的密度。

气体的压力(工况全压)是风机选型的第二要素,根据给定或计算出的工况密度,将工况压力换算为风机标准状态下压力。如风机带进气箱或消声器,需考虑其压力损失,可经过计算或估算,估算损失一般在 100~300Pa 之间。

气体的流量(工况容积流量)是选型过程的第三要素,如系统要求气体的质量流量(保证气体的排放量或要求气体中的某种介质的含量),则需要将气体质量流量换算为风机标准状态下的容积流量。如系统要求气体的容积流量(保证气体的容积流量),则风机标准状态下的容积流量与工况下的容积流量相同。

比转数计算是风机选型过程中的重要步骤,求比转数是第一部分的关键所在,是判断风机选用具体模型的主要依据。将换算到风机标准状态下的性能参数(容积流量,全压)和转速代入比转数的计算公式中,根据不同的转速可求出不同的比转数,一阶比转数是单吸风机的依据;二阶比转数是双吸风机的依据。到这里,风机选型的第一步结束。

风机的模型决定其性能曲线,性能曲线分有因次曲线和无因次曲线。有因次曲线是判定是否满足现场要求的依据,而无因次曲线是描绘风机特性的依据,有因次代表着特殊性,无因次代表普遍性。传统的风机选型大多把有因次性能表(7~8个高效区点)作为选型的依据,由于手工计算繁琐,只取最高效率点或附近点做为选型依据,这样的算法相对简单,但结果粗糙、模糊、范围窄,容易忽略次高效率点而漏选好的风机模型。而计算机选型程序一般把无因次性能曲线作为选型的依据,虽然软件编程要做大量繁琐的工作,要在性能曲线上取密集的点,标定其坐标,计算各点的比转数,反复核算等。

核对比转数、选择高效风机模型、粗算机号是选型第二步的关键所在。通常可用到的无因次参数有流量系数、压力系数、内效率、比转数。流量系数、压力系数其中的一项可作为计算风机机号的依据,比转数是选择风机模型的依据,而内效率则是判断模型是否为高效风机的依据。根据风机选型第一步求出的比转数,来选定风机的模型并判断其相应点是否在高效区,如在高效区,则根据对应的流量系数或

压力系数来初步计算风机的机号。到这里，风机选型第二步结束。

气体的可压缩性对离心通风机选型的影响。相关文献研究表明，通风机不考虑可压缩性是可以的。根据已知的密度、转速、模型，并把粗算过的风机机号圆整，利用软件的取点绘图功能，可表达出风机的有因次性能曲线，同时标定风机的工况点。也可列出有因次性能表，标定工况点所在位置。进一步可根据实际工况性能，求出风机的内功率。

至此，风机选型过程基本完成，值得一提的是，同样的工况性能，不同的厂家、不同的技术人员选出的结果可能不相同。这通常是由技术人员的日常选型经验而决定的，他们根据自己企业的现有模型大多可选出好风机。在风机竞标中，谁选出的风机最具高效、节能、简单工艺、低成本的特点，谁就独占优势。

三、风机裕量优化

考虑到管道可能漏风等原因，一般是在系统需风量、风压的基础上乘以一个安全系数，来确定风机的风量和风压。风量附加安全系数：一般送、排系统为1.1；除尘系统为1.1~1.15；气力输送系统1.15。风压附加安全系数：一般送、排风系统为1.1~1.5；除尘系统为1.15~1.2；气力输送系统为1.2。正确的确定系统风量、风压是风机选型的关键。风压偏高、风量偏大，与实际需要相差太大，不但造成了风机能耗升高，而且往往给运行调整带来较大困难。

当风机中通过的风量和设计时的风量相一致时，此时效率最高。如果实际风量与设计时的风量不一致，将使风机运行状况偏离其性能曲线，使风机运行效率降低，造成电能浪费。风压过高，有时还使风机在超流量工况下工作，使电机过载，不得不在关小出口阀门的状况下工作，进一步造成了电能的浪费。而且给运行带来很大困难。改变管道阻力和叶片尺寸是比较常用的调整风机裕量的手段，基于此，风机选型时也必须要十分重视这两个环节的选择。

（一）一次风机裕量设计优化

（1）对采用三分仓空气预热器正压直吹式制粉系统的冷一次风机，风机的风量裕量最大不应超过25%，风机的压头裕量最大不应超过25%。对于与送风机串联运行的冷一次风机，压头裕量可增加到25%。

（2）对采用三分仓空气预热器贮仓式制粉系统的冷一次风机，风机的风量裕量宜为15%，风机的压头裕量宜为20%。

（二）送风机裕量设计优化

（1）当采用三分仓空气预热器时，送风机的风量裕量宜为5%；送风机的压头裕量宜为10%。当送风机出口接有冷一次风机时，送风机的风量裕量宜为10%。

（2）对燃烧低热值煤或低挥发分煤的锅炉，应验算风机裕量选择，使在单台送风机运行工况下能满足锅炉最低不投油稳燃负荷时的需要。

（三）引风机裕量设计优化

（1）引风机的风量裕量宜为10%，另加10℃的温度裕量；引风机的压头裕量宜为20%。

（2）对燃烧低热值煤或低挥发分煤的锅炉，应验算风机裕量选择，使在单台引风机运行工况下能满足锅炉最低不投油稳燃负荷时的需要。

（四）密封风机的优化设计

风量裕量宜为10%；密封风机的压头裕量宜为20%。

（五）增压风机裕量设计优化

增压风机的基本风量按锅炉设计煤种BMCR工况下的烟气量考虑，风量裕量为10%，另加10℃的温度裕量。增压风机的基本压头为脱硫装置本身的阻力及脱硫装置进出口的压差之和，增压风机的压头裕量宜为20%。

四、风机转速的优化选择

送风机和一次风机应选用较高的转速，一般离心式送风机宜选择750～1000r/min，轴流式送风机宜选择1000～1500r/min，一次风机宜选择1500r/min；引风机和烟气脱硫增压风机的转速不宜大于1000r/min。

对于出力范围变化较大的风机，在经过详细的技术经济比较后，可采用变转速调节，且宜优先选择变频器调速方式。

1.4 汽轮机冷端设计优化

在提高机组经济性方面，多数是考虑如何提高蒸汽的初参数，对汽轮机冷端的优化往往关注不够。而冷端系统的运行状况不仅严重影响汽轮机的经济性，还会影响机组的出力。因此，在设计时对汽轮机冷端进行合理优化，进一步提高冷端性能，是提高机组整体经济性的较好途径。

1.4.1 循环水系统设计优化

循环水系统庞大，占整个发电厂能耗比例较大，循环泵耗电率占整个厂用电比例为15%～20%，闭式循环水系统耗水量超过整个电厂耗水量的50%以上，循环水系统的设计优化对机组投产后的运行经济性非常重要。

（1）主厂房应布置在厂区的适中地位，当采用直流供水时，宜靠近水源。合理选择循环水泵房位置、取水口位置、转弯半径等，尽可能减少管线长度，减少阀门及弯头数量，弯头应采用圆弧弯头，阀门尽量选用蝶阀。

（2）循环水泵的设计参数应根据当地气候条件、循环倍率、凝汽器冷凝面积、冷端温度、背压及冷却塔面积等合理选择，通过年平均循环水温和凝汽器面积的优化计算，达到技术经济最优化设计。应综合考虑冬夏季的循环水量、管道阻力以及各种运行工况下泵的效率，达到各种工况下循环水泵均可在高效率区运行。

（3）为了便于实施循环水泵的经济调度，循环水系统应在设计中考虑采用扩大单元制方式，合理选择循环水泵的功率和台数，根据季节变化，进行不同台数的组合。若采用单机运行方式，每台机组其中一台循环水泵设计为双速泵，根据季节进行高低速运行的调整；另外还可设计为大、小泵匹配。这样可实现循环水泵的多种组合方式运行，达到循环水泵经济调度的目的。

（4）设计配置二次滤网的循环水系统，二次滤网应阻力小，运行可靠，自动反洗效果好，反洗水量少，具备程控运行功能。

（5）冷却塔系统的设计选择。

应根据通风湿冷塔工艺设计规范，结合水温、水质特点合理选择湿冷塔的淋水密度、冷却面积、配水系统及填料。

为了在机组运行中实现节水目的，设计水塔时可在相邻塔池之间建立循环水连接，如混凝土结构联络管、双向流动的排空泵、循环泵管道之间的联络管，以实现两个塔池之间循环水的相互调用。

对于水塔配水槽及填料，宜采用便于更换及维修的形式，以保证水塔淋水面积均匀分布。配水槽应设有合理的人孔，及时清理淤泥。在水塔底部通风部位，可设计2~3层挂板式的挡风墙，根据环境温度及时加装挡风板，可避免水塔大面积结冰而影响安全，还可防止结冰使水塔进风面积过小，影响水塔换热效果。

（6）机房内的冷却水在设计时宜采用闭式循环方式，因其水温相对稳定，可以使运行设备平稳调整，也减少了排放量，节约水资源。因条件所限不能使用闭式水系统的，应对邻机工业水回水管、工业水池溢流管进行联络，加装回水总门，实现向相邻机组冷却塔回水。

1.4.2 真空系统设计优化

一、双背压凝汽器抽空气连接方式的设计优化

目前已投产的600MW及1000MW双背压凝汽器机组普遍存在高、低压凝汽器背压差小，低压凝汽器端差偏大的问题，未能充分发挥出双背压凝汽器的技术优势。经分析主要是高背压侧和低背压侧抽空气系统的连接方式设置不合理所造成的。高、低背压凝汽器采用母管连接抽空气方式或串联连接抽空气方式，而高背压凝汽器抽空气管道节流程度不够，排挤了低背压凝汽器空气的抽出。鉴于这一情况，不少已投产机组相继进行了改进，并取得了较好的节能效果，也为今后新机组的设计优化提供了很好的借鉴，其优化方案主要有：

（1）采用高、低压凝汽器单独抽空气方式。设计采用两根抽空气母管，使高、低压凝汽器抽空气管单独接至真空泵入口，高低压凝汽器抽空气管之间设计安装联络门。这样可实现高、低背压凝汽器单独抽空气方式。通过联络门，也可以切换为母管制连接抽空气方式。某电厂600MW超临界机组经采用上述优化改造方案后，低背压凝汽器端差降低3℃以上，真空上升1kPa左右，高背压凝汽器的真空和端差基本不变，机组平均真空上涨约0.5kPa。改造后，试验热耗率下降85.34kJ/kWh。

（2）在高、低压凝汽器抽空气管之间设计止回门，根据循环水温度调节高压凝汽器抽空气管的节流程度。

高、低压凝汽器仍采用串联连接抽空气方式，只是在高低压凝汽器之间内、外圈抽空气管道各设计一道DN80～DN100真空闸阀，运行时通过调整该阀门的开度来限制高压凝汽器的抽气（汽）量，防止对低压凝汽器抽气（汽）造成排挤。某电厂600MW超临界机组凝汽器抽空气系统经上述改造后，高负荷工况下平均真空提高约0.35kPa。

（3）凝汽器空气冷却区的汇流管开孔数量、孔径和间距应考虑流动方向和压力梯度合理配置。

二、真空泵选型优化

目前，600MW以上大机组普遍采用水环式真空泵作为抽气设备，通常配置三台水环式真空泵，每台泵的容量应能满足凝汽器正常运行时抽真空达50%的需要；如设计为高、低压凝汽器单独抽空气方式，每侧需选用两台真空泵，一台运行一台备用。

真空泵有单级泵与双级泵两种类型，从实际应用情况来看，双级真空泵具有较高的抽吸效率。在真空泵运行台数一样、抽气量（凝汽器真空）基本相同的情况下，采用双级真空泵的机组每台真空泵的电机电流比单级泵的电机电流要低70～80A；且在高真空度下运行时，能有效防止真空泵的汽蚀问题，泵组运行噪声和振动相对较小，在设计时宜优先选用。

对于单级水环式真空泵，为避免真空泵在高真空度下长期运行时出现严重的汽蚀问题，宜设计配置大气喷射器。

三、水环式真空泵工作液冷却水系统设计优化

影响水环式真空泵工作特性的主要因素有：工作液温度、吸入口压力和温度、真空泵转速等，其中起决定性作用的是工作液温度。在夏季，真空泵工作液温度可能达到40℃以上，此时真空泵的抽吸能力将急剧下降，严重影响凝汽器真空。

对于闭式循环系统，真空泵工作液冷却水系统的设计优化可以考虑两种方案：一是真空泵换热器的冷却水使用机组循环水，设计采用深井水（地下水）作为真空泵

工作液的备用冷却水源。如某 300MW 机组，夏季工况下循环水温度 31℃，真空泵的工作液温度达 45℃；通过冷却水改造，接入地下水（温度 18.5℃）对真空泵工作液进行冷却，使真空泵工作水温度降为 35.3℃。二是在真空泵工作液冷却水管路设计时加装压缩制冷装置。在夏季时通过压缩制冷装置，降低真空泵工作液温度，从而提高真空泵的抽吸能力，提高夏季时凝汽器真空。经过测算，机组真空提高约 0.5kPa；对于空冷、湿冷机组，供电煤耗可分别降低 0.5g/kWh、1.5g/kWh。

1.4.3 空冷岛设计优化

一、设计中考虑空冷系统环境风场的影响

空冷凝汽器是直接空冷机组冷却系统的主要装置，它安装在室外，直接暴露在空气中，通过轴流风机的强迫对流，利用周围的空气作为冷却介质进行冷却。所以环境风场必然会对空冷凝汽器的运行产生很大影响。环境风场除了取决于当地的气候条件外，还与空冷凝汽器周围建筑物，特别是主厂房和电厂的总体布置密切相关。同时，空冷凝汽器的换热效率除与其本身的结构技术参数如迎风面积、散热器换热系数相关外，还与散热器的布置如空冷凝汽器平台支架的高度、挡风墙高度、空冷凝汽器单元排列等有关。可见，空冷凝汽器换热效率的影响因素很多，这些因素相互关联且相当复杂。大型直接空冷电厂在进行可行性规划时，均应进行机组的风洞模拟试验。

（一）布置原则

（1）空冷凝汽器的布置要与其他热源及高大建筑物有一定的间隔，而且要布置在其他热源及高大建筑物夏季主导风向的上风向。

（2）新机组的空冷凝汽器应与原有空冷凝汽器并列布置，并与原机组汽机房留有一定的间隔，尽量减少炉后风的影响。

（3）低温流体的空冷凝汽器布置在上风向，高温流体的空冷凝汽器布置在下风向，以免高温流体空冷凝汽器的出口热风被吹到下风向的空冷凝汽器入口而产生热风再循环。

（4）主导风向上，两台空冷凝汽器应靠近布置，不应留有间距。

（5）对于多排空冷散热器的布置，不同吸风断面应处于同一水平面上，而且尽可能使各排空冷凝汽器吸入风量互相平衡。

（6）斜顶式空冷凝汽器的管束不要面对夏季主导风向。

（7）斜顶式空冷凝汽器管束平台不宜开设楼梯通道口。平台外侧应设有挡风墙，挡风墙的标高应与管束入口管箱一致。

（二）设计与安装过程中可采取的措施

（1）设计空冷系统时，详细观测并分析空冷系统所在地的气象资料，为系统设计提供更加科学、合理的气象数据，防止设计参数出现大的偏差而影响系统的布置和设备的配置。

（2）利用数模发现并减少不利风向的影响。利用数字模型和物理模型模拟空冷系统所处地区的气象场，找出对空冷系统影响比较严重的风向，在设计时给予消除。

（3）在空冷机组设计时，通过对气象资料的分析以及数模和风洞试验，找出环境参数变化时机组运行背压的变化趋势，制定机组运行背压与自然风向、风速的关系曲线，作为机组运行曲线的修正，使运行人员能够根据该曲线提前预知自然风对机组的影响，并提前进行调节，防止发生不利风向导致机组停运的事故。

（4）合理选择空冷风机容量。空冷风机的选择应考虑夏季及最不利风向的影响，合理选择其容量。

（5）空冷系统设备安装时，应尽量减少空冷平台的漏风量，以减少热风回流量。

（6）空冷岛上应装设高灵敏度的风向、风速仪，将其信号引到机组 DCS 画面，以便运行人员根据气象资料对机组进行调整。

（7）应设计背压急速升高时快速降负荷的热工逻辑，依据背压升高率和风向、风速等变量，实现机组负荷的自动快速降低，避免因大风突袭造成停机事件发生。

（三）设置挡风墙

针对热风回流现象，在空冷平台上部四周布置一定高度的挡风墙是目前普遍采取的措施。挡风墙在夏季可以阻挡一部分热风再循环，在冬季还可以避免寒冷的大风对空冷散热器的吹刷，对散热器的防冻也具有一定的作用。

无论有无环境风场作用，由于靠近挡风墙的四周空冷风机吸入的流量比中心部位的空冷风机吸入的流量要低；自然风速越高，这种现象越明显，热风回流亦越严重。

设计挡风墙时：①应通过相应的风洞试验，确定挡风墙的高度和挡风墙向下延伸的长度；②在延伸的挡风墙上装设必要的电动格栅，以满足在无环境风场作用时的风机吸入空气量。

二、防止空冷散热器冻结的优化设计

（一）最小防冻流量的确定

直接空冷系统庞大的散热器在运行中不可避免地存在热量和流量分配不均匀的现象。汽轮发电机组在低负荷运行时，相对应的排汽量并非每一排的蒸汽分配都相等。所以在计算直接空冷系统冬季防冻负荷时，应考虑各排间热量、流量偏差带来的散热管束受冻危险。

(二)最小防冻热负荷的确定

根据 VGB 标准（指空冷凝汽器在真空状态下的验收试验测量和运行监控导则），防冻的最小热负荷是指在空冷凝汽器入口断面位置的热量。汽轮机的主排汽管道及各分配管十分庞大，且布置在户外，在寒冷的冬季，汽轮机的乏汽在未进入到空冷凝汽器之前就已经大量凝结，减少了进入空冷凝汽器的负荷，同时也增加了乏汽湿度。在考虑防冻热负荷时，也应同时将这一部分的散热考虑进去。

(三)风机自动调节的设计

风机自动调节的设计，除了考虑机组背压外，还应考虑凝结水过冷度，应将过冷度控制在一定范围内。过冷度超出限值时，应限制风机转速继续上升，否则不仅会降低机组经济性，对安全性也有一定影响。

(四)采用单排翅片管束

减少空冷凝汽器管排数或使用单排翅片管束可以基本消除管内死区，减少了管束发生冰冻的几率。

(五)采用大直径椭圆管束

直接空冷凝汽器管束使用椭圆管，可在一定程度上缓解冰冻对设备的损坏。

(六)采用 K/D 结构的凝汽器

为了防止凝汽器的冻结，大型空冷机组的空冷凝汽器应采用顺逆流结构（K/D结构）。顺逆流管束面积之比根据环境气温的变化而不同，在寒冷地区，一般为 6∶4 或 7∶3。如图 1-4 所示，由低压缸或低压旁路排出的蒸汽，在压差的作用下进入蒸汽分配管。首先进入顺流凝汽器（K 型），在管束外空气的冷却作用下，蒸汽边往下流动边凝结。凝结水与蒸汽以相同的方向流入底部联箱，此时大部分的蒸汽（70%～80%）已经在顺流凝汽器中凝结。剩余的蒸汽与不凝结气体一同进入逆流凝汽器（D 型），蒸汽边往上流动边被完全凝结，凝结水在重力作用下与汽流逆向回底部联箱，不凝结气体则被水环式真空泵抽吸排入大气。这样的流程，保证了蒸汽对管束加热，有效地防止了管束的冻结。

(七)阀门的设置

应在每个散热单元的蒸汽管道、凝结水管道及抽真空管道上设置阀门，以满足空冷岛冬季防冻及启停机的需要，同时便于对各空冷单元单独查漏。

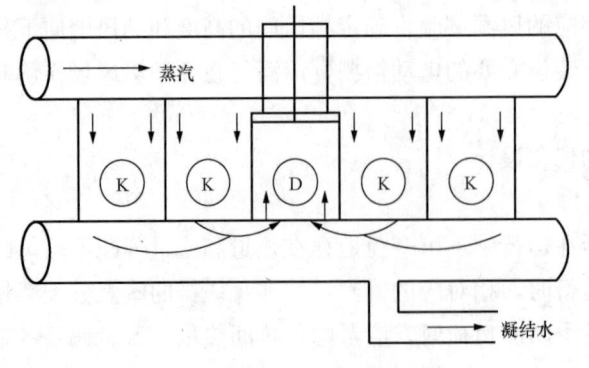

图 1-4 顺逆流结构的凝汽器

三、空冷凝汽器水冲洗的设计优化

直接空冷机组的空冷凝汽器安装在露天环境中，冷却管束容易受到环境空气的污染而脏污，从而增加传热热阻，影响换热效率。如何保持空冷凝汽器的清洁是空冷电厂普遍面对的难题，而使用高压水冲洗是目前大部分空冷电厂解决受热面脏污的有效办法之一。

常用的冲洗方式有：

（1）高压冲洗车冲洗。此种方式冲洗车在地面，通过长胶管将水引至空冷平台，人工手持冲洗水枪进行冲洗，这种方式冲洗效率最低，冲洗时间长、效果差，操作人员工作环境恶劣、危险性大。

（2）空冷岛上人工冲洗。此种方式通过地面的冲洗水泵将水引至空冷平台，通过空冷平台上的接口接引冲洗水管，人工手持冲洗水枪进行冲洗，这种方式冲洗效率较低，冲洗时间较长且效果一般，操作人员工作环境恶劣、危险性大。

（3）半自动冲洗。通过空冷平台上的接口接引冲洗水管至冲洗移动行车，冲洗移动行车水平移动为手动方式，冲洗喷嘴盘在移动行车上做上下移动为自动方式。这种方式比前两种方式冲洗效率高，冲洗时间短，效果较好（GEA公司制造的设备多是采用此种方式）。

（4）全自动冲洗。在半自动冲洗的基础上，冲洗喷嘴盘在移动行车上做上下移动为自动方式，冲洗移动行车水平移动也为自动方式。早期的行车水平移动采用链条式轨道，此种轨道故障率高，检修不便，全自动投入时间短；目前行车水平移动多采用齿形带轨道。

1.5 辅助系统设计优化

1.5.1 脱硫系统设计优化

脱硫工艺有石灰石—石膏湿法脱硫、喷雾干燥法脱硫、炉内喷钙加尾部增湿活化器脱硫、电子束法脱硫、氨法脱硫等。相比之下，石灰石—石膏湿法脱硫工艺具有脱硫反应速度快、脱硫效率高（可达到90%以上的脱硫效率）、钙利用率高的特点，是一种较为理想的脱硫工艺方案，在燃煤电厂烟气脱硫中广泛应用。据国际能源机构煤炭研究组织统计，目前湿法脱硫技术占世界上安装烟气脱硫机组总容量的85%以上，其中：日本达到98%；美国达到92%；德国达到90%的比例。但是，湿法脱硫系统庞大，结构复杂，在脱除 SO_2 的同时，要消耗大量的石灰石、水和厂用电资源，运行成本较高，其中电能消耗最大。所以在满足环保要求的同时，在设计时必须考虑各项节能措施。

（1）石灰石—石膏湿法脱硫（FGD）工艺参数应根据锅炉最大容量、燃料品质（特别是折算硫分）和环境影响评价要求，经全面技术经济比较后确定。脱硫工程的烟气设计参数应采用锅炉最大连续工况（BMCR）下燃用设计燃料时的烟气参数。脱硫设计含硫量宜按设计煤种含硫量与实际燃煤平均含硫量取高值的1.2倍（或以上）进行设计，且保证脱硫效率≥95%，脱硫系统投入率≥98%。

（2）增压风机选型参照1.3.4风机选型执行。

（3）浆液循环泵台数应按 $N+1$ 设置，宜按照单元制设置，每台循环泵对应一层喷嘴。循环泵流量裕度宜为10%，压力裕度宜为20%。

（4）优化脱硫吸收塔的设计，尽可能地减少塔内构件。

（5）氧化风机宜采用罗茨风机或离心风机，每座吸收塔宜设置两台100%容量氧化风机，1运1备；每两座吸收塔也可设置3台全容量的氧化风机，互为备用，氧化风机设计流量裕度宜为20%。

（6）当两台机组合用一套吸收剂浆液制备系统时，宜设置两台石灰石湿式球磨机。单台出力按设计工况下石灰石消耗量的100%选择，且不小于80%校核工况下的石灰石消耗量。对于四台机组公用一套吸收剂浆液制备系统时，宜设置三台石灰石湿式球磨机及三台石灰石浆液旋流器，二台运行一台备用，单台磨煤机出力按设计工况下石灰石总消耗量的50%选择。石灰石粉（浆液）的细度应根据石灰石的特性、活性，并结合石灰石磨制系统综合优化后确定，石灰石粉（浆液）的细度宜保证325目90%过筛率（粒径≤0.044mm）。

（7）脱水系统宜采用真空皮带脱水机，石膏含湿量≤10%，为综合利用提供条件。石膏库应与石膏脱水设备统一考虑布置，并应设顺畅的汽车运输通道。尽量不采用石膏仓储方式，石膏落料宜采用直接落料方式。当两台机组合用一套石膏脱水系统时，宜设置两台石膏皮带脱水机，单台出力按设计工况下石膏产量的100%选择，且不小于80%校核工况下的石膏产量。对于多炉合用一套石膏脱水系统时，宜设置 $n+1$ 台石膏脱水机，达到 n 运1备。

（8）脱硫工艺用水尽可能使用较干净的水源或水质合格的中水和循环水，并根据脱硫塔内浆液氯离子含量控制废水排放量。

（9）脱硫系统压缩空气站宜与主机组压缩空气站合并，仪表用空气和工艺用空气应分开设计，脱硫系统不单设压缩空气站。

（10）脱硫系统若装设烟气换热器（GGH）时，宜每炉一台，优先选择回转式换热器，漏风率应不大于1%，设计工况下净烟气温度按不小于80℃考虑。若不装设烟气换热器，应考虑烟囱防腐问题。结合石灰石—石膏湿法脱硫工艺，宜按每炉一个钛合金内筒且两炉合用一个烟囱设计。烟道应有完善的防腐及排水措施。

(11) 脱硫系统设计应考虑节水措施。

1) 设备冷却水使用后全部返回到设备冷却水系统中循环使用。

2) 脱硫系统不允许向外排放任何废水，其各种排水（管道、设备等冲洗水等）应收集到积水池中，并全部回收利用。在设计中可考虑加装废水回收罐，进行废水的综合利用：排放至储煤厂、输煤皮带喷淋；用于输煤系统冲洗水；灰渣加湿搅拌用水等；也可考虑返塔重复利用。

3) 石膏滤出液应全部返回工艺系统中重复使用。

4) 烟道和烟囱排放的冷凝液，特别是不设置 GGH 的脱硫装置，应全部收集并回用于工业废水系统中。

5) 在脱硫装置不设置 GGH 时，应控制适当的脱硫入口烟气温度，减少烟气蒸发水分，以节约用水。

6) 海滨电厂可考虑采用海水脱硫工艺。

1.5.2 电除尘系统优化

为控制大气污染物排放，改善空气质量和控制酸雨污染，随着环保要求的日益严格，国家环保部和国家质量监督检验检疫总局联合发布了新修订的《火电厂大气污染物排放标准》（GB 13223—2003）。新标准规定了自 2004 年 1 月 1 日起，新建火电厂锅炉烟尘最高允许排放浓度执行 $50mg/m^3$ 的标准。因此，火电厂除尘器设计要在保证满足国家及地方的环保排放标准的前提下，实现节能优化设计。

一、除尘器的选择

除尘器的选择应按照新标准要求，明确排放限制，结合设计煤种、校核煤种，确定合理的除尘器型式和效率。表 1-3 为不同烟尘入口浓度下，满足 $50mg/m^3$ 排放限制的除尘器效率要求，并应充分考虑部分地区 $30mg/m^3$ 排放限制。

表 1-3　不同烟尘入口浓度下，满足 $50mg/m^3$ 排放限制的除尘器效率要求

入口浓度（g/m^3）	10	20	30	40	50
除尘效率（%）	99.5	99.75	99.83	99.88	99.9

大型机组宜优先选用静电除尘器，在满足烟尘达标排放要求下，宜选用双室 4～6 电场除尘器，但最多不应超过 8 电场。对于采用湿法烟气脱硫的机组，在保证脱硫系统稳定运行及吸收塔出口烟尘排放达标的前提下，可适当提高电除尘出口烟尘的排放标准，但提高幅度不应超过 $25mg/m^3$。对于除尘器入口烟尘浓度大于 $100mg/m^3$ 及灰分比电阻高的机组，在经过充分技术经济及适用性比较后，可考虑

采用"电—袋"复合式或袋式除尘器。

二、电除尘器的设计优化

首先，向设计院提供设计煤种、校核煤种、除尘器入口烟气量、烟尘浓度及排放标准等初始设计参数，确定合理的除尘效率。在初始参数确定后，要合理确定电场内的烟气流速和驱进速度（比集尘面积）；合理分配电场数、电场长度、电场高度、极间距和极配型式。根据不同电场、不同部位粉尘的特性，有针对性地设置振打系统，选择最适当的振打加速度，处理好电极振动频率与振幅之间的合理搭配，尽量保证振打加速度在极板上的合理分布。

其次，进一步优化除尘器的结构设计，调整电场气流分布，消除窜流。粉尘沉降过程中受电场力、重力、气流惯性和二次飞扬的共同作用，会呈现底部浓度大于顶部，前部浓度大于后部的分布状况。因此，其振打加速度和极配型式应有所区别。

最后，电除尘器供电电源宜采用高频开关电源 SIR，控制方式宜采用智能化、数字化，实现根据机组负荷及出口烟尘浓度来合理调整电除尘的工作方式。

三、合理选择除尘器的裕量

目前，世界各国对排放到大气中的烟尘有了更高标准，西方国家要求不大于 30mg/m³，我国目前排放标准为不大于 50mg/m³（京津地区为 30mg/m³）。西方国家关注 PM10 和 PM2.5 的细微粉尘排放问题，欧洲环保规定 PM10 的排放要小于 50μg/m³。随着国家对环保排放标准的要求日益严格，电除尘设计要在场地、出力和效率方面适度考虑裕量，以确保达标排放。

四、电除尘器智能控制优化

电除尘器智能控制系统是电除尘计算机控制的高级节能形式。此系统将每个独立的功能模块软件包紧密结合起来，互相渗透，检测信息、诊断信息、控制信息和结果信息非常流畅地在各个功能模块间流动，系统具有高度的智能化、快速性和自适应的特点。

智能控制系统重点在于 ESP 工况分析诊断功能与复合式功率控制振打功能、节能管理系统等软件包的紧密结合。从控制的观点上看，工况分析诊断的结果有利于控制方案的确定，减少不利方案的干扰。在同样的控制策略条件下，能够更迅速地进入最优状态。

1.5.3 输煤系统优化

一、输煤系统优化设计

新建电厂的输煤系统设计应按发电厂规划容量、燃煤品种、来煤方式及当地的气象条件，合理选择储煤场的位置及皮带走向，缩短输送距离。

铁路来煤宜采用翻车机卸煤，且宜设置2台翻车机。设计时应根据电厂容量规划及铁路车辆型号，合理设计卸煤出力、皮带出力，杜绝设备出力受阻现象。

船运煤电厂宜根据电厂容量规划，合理选择卸船机数量，且不宜低于2台。码头的靠泊能力和航道的吃水深度在设计时应考虑有较大裕度，具备进大船的能力。在施工建设初期应一次性地做好航道疏浚，确保达到设计的最大吃水深度。

严寒地区电厂，当铁路来煤冻结严重而难以卸车时，可考虑采取卸冻煤措施。

当部分或全部燃煤采用汽车运输时，厂内应根据汽车运输年来煤量建设相应规模的汽车衡。

输煤系统宜采用电动振动给料机，避免采用电磁振动给料机。

上煤系统应采用双路且具备同时运行的能力。上煤系统两路皮带的用户最多不超过4台机组。单路皮带额定出力不小于所有锅炉最大连续蒸发量运行时的总耗煤量的150%。

输煤皮带出力大于3000t/h的输煤系统，避免使用高分子材料代替侧托辊密闭式导料槽。

输煤控制系统应优化设备连锁、信号及启停闭锁功能；应实现程控启、停功能；应规范设备的启停顺序。如翻车机、斗轮机、除铁器、除尘器等，力争做到各设备之间的最优配合，减少皮带空载运行时间。

落煤筒堵煤信号应综合考虑可靠性、可维护性等因素。堵煤保护装置应安装在皮带机头部溜槽部位，宜选用便于定期试验的水银倾斜开关。

为实现输煤系统经济运行，原煤仓总的有效储煤量宜按设计煤种满足锅炉最大连续蒸发量10h以上的耗煤量考虑。

二、煤场优化设计

储煤场宜布置在厂区主要建筑物全年最小频率风向的上风侧。

储煤场的容量和煤储存设施，应根据运输方式和运距、气象条件、煤种及煤质、发电厂容量和发电厂在电力系统中的作用等因素统一考虑。原则上煤场的设计容量应不低于全厂机组额定出力运行20天的耗煤量。

对于多雨地区的电厂，建议设置干煤储存设施，其容量应不小于3天的耗煤量。上煤系统兼顾分流、混配煤的需要。

储煤场挡风抑尘措施应优先选用轻型孔板式或网式消能挡风墙，台风地区应满足防台风强度要求。

三、输煤系统用水优化

用来对露天布置煤场抑尘或降温的喷水，应考虑程序控制功能，并根据当地气象条件合理选择喷水时间间隔和区域。输煤栈桥冲洗水，应考虑设计冲洗水回收系统。对于坑口电厂，可以不建设煤场，而建设大容量储煤仓，以达到完全不用水的目的。

1.5.4 锅炉补给水处理系统优化

随着国家环保要求的日益严格，企业节能减排意识有了明显提高，发电用水结构发生了很大变化，用水更具多样性，非常规用水（海水、城市污水再生水、排污水等）已成为化学制水的水源；针对以上高含盐量、高污染物水质，建议采用膜法水处理工艺系统。

（1）膜法水处理工艺系统配置：

预处理→水池→变频升压泵→自清洗过滤器→超滤装置→超滤水箱→反渗透给水泵→保安过滤器→高压水泵→反渗透（RO）→中间水箱→中间水泵→一级离子交换除盐＋混合离子交换除盐→树脂捕捉器→除盐水箱→除盐水泵→主厂房

（2）膜法水处理工艺系统的优点：

1）对高含盐量、高污染物水质有较好的适应性。

2）系统维护工作量少，自动化程度高，性能稳定。

3）运行酸碱消耗量少，排废量少，产水质量稳定。

（3）为了防止空气中的二氧化碳进入除盐水箱污染水质，宜在除盐水箱呼吸口处加装呼吸器装置。

（4）反渗透浓水可视水质条件，用作工业用水或脱硫工艺水。

（5）锅炉补给水系统节水优化。

除盐水作为电厂热力系统的补给水，在密闭循环过程中，汽水不可避免会有损失，这些损失来自于锅炉排污（定排和连排）损失、排汽损失、取样损失、吹灰损失和漏汽损失等，这些损失必须及时补充才能维持热力系统的水汽循环，因此锅炉补给水是必不可少的一项任务。补水率是衡量不同容量机组补给水量大小的一项技术指标，600～1000MW 机组的补水率根据锅炉系统的不同，一般在 0.6%～1.5% 左右。为降低补水率，电厂首先要保证补给水的品质，杜绝热力系统水汽的"跑冒滴漏"，合理优化锅炉补给水系统运行方式，合理回收利用各种热力疏水，使锅炉的补给水率达到相关标准，实现无渗漏电厂。

1.5.5 除灰、除渣系统设计优化

除灰渣系统的选择，应根据灰渣量，灰渣的化学、物理特性，除尘器和排渣装置的型式，冲灰水质、水量，以及发电厂与储灰场的距离、高差、地形、地质和气象等条件，通过技术经济比较确定。除灰渣系统的设计应充分考虑灰渣综合利用和环保要求，并贯彻节约用水的方针。

目前国内燃煤电厂大多采用气力输灰系统。而浓相气力输送系统具有降低输送

速度、减少磨损、提高输送能力、提高输送灰气比和降低输送单元能耗等优点，因此浓相气力输灰系统的应用最为广泛。

一、除灰系统优化

为保证正压浓相气力输灰系统的安全性、可靠性、经济性和环保效果，除灰系统设计选型应注意以下方面的问题：

（一）除灰系统选型

（1）应根据实际燃煤灰分、机组连续最大负荷和各电场灰量的分配，选择输灰系统。气力输灰系统的输送能力一般按锅炉额定排灰量的1.5～2.0倍计算，燃用煤种比较杂的地区，建议选用高限。

（2）作为输送介质的压缩空气系统是气力输灰系统的重要组成部分，系统需有充足的备用余量；空压机房应布置在空气流通良好的地方，且室内外保持清洁，环境温度高的地区应选用水冷空压机；储气罐配置要有较好的缓冲能力（容积大），防止吹灰时气压波动。

（二）除灰系统具体部件选用

（1）管路排堵阀应选用远方控制的气动阀门。

（2）排堵管路接入灰斗的位置应设在高料位处，防止排堵灰冲击电除尘极板极线，造成极板极线变形。排堵管路在进入灰斗之前应考虑设有一段抛物线形管段，以防止落灰堵塞排堵管。

（3）输灰管路的弯头、灰库的爬升管、补气阀处应使用耐磨管件，灰库的双轴搅拌机叶片应进行防磨处理。

（4）为防止灰斗内部灰板结，应有灰斗气化风和灰斗电加热装置。

（5）新建机组在进行输灰管道的结构设计时，可考虑采用双套管技术。双套管技术即在输灰管内有一个较小的空气管道（内套管），且每隔一定距离都有一个开口，在开口处管内设一节流孔板，这个内套管的作用就是保持输灰管内紊流，内套管内只有空气流动，流速比外管大，内套管开口就是使空气与灰强烈混合流化，有利于输送。如若管道某段发生堵塞，输送的空气便经内套管通过堵塞之处，从后面逐渐向前将堵塞的灰冲散，使灰充分流化，这种管道能在输灰的过程中将可能产生的堵塞自行消除，即自身有调节气灰比的能力，其他类型的输送管是不能自行解决的，必须停止输送来进行疏通。输灰系统中弯头不采用双套管的形式，但在弯头后应考虑配置端头双套管，因输灰转弯容易将较多的飞灰进入内套管，造成彻底堵管。

（三）除灰系统故障时设计优化

除灰系统的设计，应考虑在一电场因故停运时，系统具备能清除一电场转移灰量的能力。因此每台炉的两台除尘器的一电场的仓泵的输灰管路应独立布置，一、二电场输灰管路必须各自独立，互不影响，确保在运行中有充分的时间进行系统的检查、维修，减少由于设备缺陷造成系统长时间停运所带来的一系列不良后果。

二、除渣系统优化

目前大多数燃煤火电机组的除渣技术主要采取两种方式：湿式排渣（即刮板捞渣机，高浓度水力除渣）和干式排渣（风冷式排渣机）。干式除渣方案和湿式除渣方案均具有技术先进成熟，运行安全可靠的特点，两个方案技术方面均是可行的，设计时应通过技术经济比较。相比较而言，湿式除渣方案初期投资较低，系统稍复杂，干渣的应用价值要高于湿渣，其风冷式干排渣机在节水、节能、环保、提高锅炉效率和灰渣综合利用等方面优势更明显，且年运行费用低，可实现电厂经济效益、社会效益的全面改善，因此建议优先选取干式排渣。

干式排渣驱动输送带（链条）的电机宜优先选择变频调速电机。通过变频器对输送带运行速度进行调整；也可采用液压马达加变量泵调速驱动装置，其调速原理为变量泵通过供油差异来实现马达转速的变化，其连续调速性能、速度平滑应变性能和力矩与过载保护性能优良。

输送带（链条）的尾部滚筒固定在张紧装置上，尾部张紧采用液压自动张紧装置，恒定的张紧力可及时吸收网带的热膨胀，保证传动滚筒在各种工况下具有带动传送带运动所需的张力，传动可靠不打滑。在干式除渣机壳体内，不锈钢输送带的输送段和回程段的两侧均设有防偏轮，防偏轮能防止不锈钢输送带跑偏。

1.5.6 脱硝系统设计优化

近年来在国家越来越严格的环境保护要求下，燃煤火电厂除了应用烟气脱硫技术外，烟气脱硝技术的应用也越来越广泛。

火电厂通过两种方式来降低 NO_x 排放量：

1) 在火电厂燃煤过程中使用低氮燃烧器来降低燃烧过程中产生的 NO_x。一般低氮燃烧器在电厂燃煤工艺中可降低 $40\%\sim 60\%$ 的 NO_x 排放量。

2) 利用化学催化还原反应原理，降低烟气中的 NO_x 浓度。目前较多电厂采用选择性催化还原（SCR）脱硝技术，这也是国际上应用最广泛的一种电厂烟气脱硝技术。欧、美、日等国家和地区的大多数火电厂都应用 SCR 技术。与其他技术相比，SCR 脱销无副产物，不会造成二次污染。并且在电厂的实际应用中，还具有结构简单，安装容易的优点；另外，由于电厂选择性催化还原（SCR）技术成熟，因为其脱硝效率高，运行可靠，便于维护，在燃煤电厂中得到了广泛的应用。电厂选择性催化还原（SCR）技术的脱硝效率可高达90%。

（1）大机组锅炉应安装低氮氧化物燃烧器。

（2）在对排放烟气的氮氧化物处理中，主要有SCR与SNCR两种技术，其投资与运行分析对比如表1-4所示。

从投资与运行成本角度推荐使用液氨法脱硝，采用液氨法需要获得安全生产主管部门的批准。从控制重大危险源的角度推荐使用尿素法脱硝。在人口稠密地区，不满足液氨储存安全防护距离，液氨运输受限的敏感地区（如城镇、医院、学校、水源地、隧道等），应选用尿素法脱硝工艺。

表1-4　　　　　　　　　　SCR与SNCR两种技术比较

项　　目	SNCR	NH_3-SCR
基本原理	氨气（或尿素）与NO在高温下（无催化剂）反应生成N_2	使用氨气的选择性催化脱除NO
工作温度区间	850～1050℃	300～450℃
NO_x脱除效率	40%～60%	80%～95%
初始投资费用	低	高（是SNCR的2倍）
氨气的消耗	高	低

（3）SCR反应器布置方案。根据SCR反应器在锅炉之后的不同位置，SCR系统有三种布置方案，即高温高尘布置、高温低尘布置、低温低尘布置。根据烟气流过SCR反应器方向的不同，分为垂直气流、水平气流两种布置方案。

（4）同步脱硝的效率应根据日益严格的环保要求优化取值。

（5）液氨脱硝系统的氨逃逸率＜3ppm（干态、6%O_2）。氨逃逸率应通过喷氨量和NO_x实际排放量来核算评估。

（6）催化剂层应有吹灰装置。在脱硝装置第一层催化剂设置吹灰器，可选型为声波式。声波吹灰器要求的压缩空气压力为0.5～0.7MPa，气源可为杂用气或除灰用气。

（7）若脱硝装置入口段有弯且较长，建议安装冷灰斗。

（8）设计时，液氨蒸发器热源可考虑采用乙二醇（或甲醇）中间换热。乙二醇是一种抗冻剂，60%的乙二醇水溶液在－40℃时结冰，甲醇的冰点为－97.8℃。使用此类热媒的原因是液氨蒸发时，其由液态转为气态，要吸收大量的热量，可以使其周围温度大幅度降低，甚至出现零度以下的情况。若直接使用蒸汽加热液氨，在液氨蒸发量增大或加热蒸汽量不足时，会出现结冰现象，进一步影响换热效果，使脱硝系统转入异常运行。

(9) 液氨储存罐设计。液氨储存罐应确保有足够的储存量（至少5天以上），设计时应考虑备用液氨储罐。当运行罐发生泄漏或需要检修时，将其全部转存到备用罐。设计液氨总储存量时必须综合考虑节假日送货问题和供应距离。

(10) 设计时应考虑防止氨外漏的技术措施，以及氨外漏后紧急处置所必需的防护设备、喷淋和消防设备等。

(11) 液氨运输许可证。脱硝系统设计阶段，液氨的运输问题应到当地环保部门和地方政府的安全监督部门咨询相关事宜。特别是液氨车辆所要经过的桥梁、涵洞等情况，必须调查清楚。在签订有关协议时，必须明确液氨运输车辆司机人数不得少于2人。同时，必须要办理车辆运输许可证，司机要有液氨运输上岗证，氨站现场接卸人员必须具有液氨值班操作合格证书。

(12) 液氨站接卸管路设计。陆用流体装卸臂的连接管和万向节建议采用不锈钢材料，不宜采用软管。因使用软管时，经常发生因开裂所导致的液氨泄漏事件。

(13) 液氨系统设备选型。液氨系统流量关断阀和调节阀建议使用不锈钢材料；阀垫不能使用黄铜材料，可使用聚四氟乙烯材料，以避免腐蚀。所有的调整门应为气动门，不宜采用电动门。电机应采用防爆型。液氨缓冲罐压力表和温度测点应安装在线表并远传至控制室画面。液氨站区应安装工业电视。

1.5.7 照明系统设计优化

照明系统应按工作场所的环境条件和使用要求进行选择优化。优先采用技术先进、发光效率高且节能效果优良的照明灯具；优先选择技术先进的照明控制方式；根据现场作业环境条件要求，应选择合理的照明灯具和照明控制方式，优化运行方式，最大限度地挖掘节能潜力。

(1) 应根据建筑布局和照明场所选择合适的照明方式和光源类型，以减少由于光源选择不当引起的能耗。

(2) 办公楼、生活区、路灯及生产场所的照明应选择合理的照明控制方式，如声控、光控、时控、感应式开关等。

(3) 合理设计照明开关的位置及数量。实现有选择地开、关灯具，节约电能。

(4) 照明电源回路中应装设调压装置，根据现场照明需要实现节能调整。

(5) 对灯具悬挂比较高的场所，如储煤场灯塔、高大厂房、露天工作场所、一般照明及道路照明，应采用高压钠灯、金属卤化物灯或外镇流荧光汞灯。采用气体放电光源的灯具设置单灯补偿，补偿后的功率因数不低于0.9。

(6) 在悬挂高度较低的场所，如输煤转运站、栈桥等，应采用节能荧光灯或小功率高压钠灯，且宜采用定时开关、光控开关集中控制。

(7) 控制室区域宜采用嵌入式高效无眩光栅格灯具。

(8) 烟囱航空障碍灯、路灯建议采用洁净能源如太阳能等。

2

机组经济运行优化

由于设计、制造、安装、运行和维护等方面的原因，机组运行中能耗状况与设计值有一定差距。运行机组要依据主辅机实际运行情况，进行全面的能耗诊断和综合分析，通过科学的管理、精细的调整，提高检修维护水平，增效节能；或针对运行调整、检修等手段无法解决的问题，通过技术改造，使机组在较长时间内保持最佳的运行状态。

设备治理和节能技术改造应结合机组的实际情况，经过充分的技术和经济效益论证，且在优化试验的基础上进行。

2.1 启停机方式优化

火力发电厂机组在启动和停运过程中，需要消耗大量的能源，虽然启停机时间占机组运行时间的比例低，在机组启停过程中适时地进行运行方式优化仍有潜力可挖。为了降低机组启停过程中能源的消耗，推广使用机组经济启停技术，可以节约不少能源，收到可观的经济效益。机组启停机过程中辅机运行方式优化的主要目的是降低辅机电耗。

机组启停方式优化可以从锅炉、汽轮机两个方面来着手。锅炉侧的优化目前相对比较成熟的技术主要是点火升参数阶段，以节约燃油为主要衡量指标。汽轮机侧的优化目前相对成熟的技术是在上水阶段，以节约厂用电为主要衡量指标。

2.1.1 机组启、停全程汽泵上水

目前，国内 600MW 以上大机组给水系统的典型配置为 2×50% 容量汽动给水泵和 1×30% 容量启动电动给水泵，这种配置正常运行时是两台汽动给水泵，电动给水泵只有在启、停机过程中或者汽动给水泵故障时及机组低负荷阶段才投入使用。按照设计运行方式，机组从锅炉上水到带负荷后第一台汽动给水泵投入运行的冷态启动过程中，电动给水泵至少需要运行 16h；机组停机过程中，也需要运行 6h 左右。机组冷态启动一次，电动给水泵耗电约 80 000kWh；因此机组启、停全程

汽动给水泵上水，能大大降低启、停机组的厂用电消耗。

一、汽源切换问题

给水泵汽轮机的汽源通常设置有正常工作汽源、高压备用汽源及辅助蒸汽汽源三路。机组启、停时全程使用汽动给水泵上水，首先应确保给水泵汽轮机汽源压力、温度、过热度、流量满足给水泵汽轮机启动和运行的需要。

机组冷态启动前，使用汽动给水泵前置泵给锅炉上水，维持锅炉水位或满足机组启动流量要求。机组建立真空，提前进行管道疏水，充分暖管，用辅助蒸汽汽源冲转一台汽动给水泵满足锅炉启动需求。机组并网带负荷后，待机组四段抽汽压力满足给水泵汽轮机供汽条件时，将给水泵汽轮机切换四段抽汽供给。

机组停运前，辅助蒸汽汽源转由邻机供给，及时进行汽动给水泵辅助汽源的疏水暖管工作。随机组负荷下降，缓慢切换一台给水泵汽轮机汽源为辅助蒸汽供汽。

给水泵汽轮机汽源切换过程中，如果控制不当，很可能造成汽动给水泵转速的大幅摆动，引起给水流量、压力大幅波动，严重时造成锅炉满水、缺水事故。因此，在给水泵汽轮机汽源切换时应缓慢进行，注意保持给水泵汽轮机进汽压力和转速的稳定，同时密切监视给水泵汽轮机金属部件的温度场及轴承振动的变化，直至汽源切换完成。

二、给水流量调节与控制问题

无论是机组启动还是停运，采用汽动给水泵全程上水，都存在给水流量调节与控制问题。由于在机组启动初期及停机前的低负荷阶段，给水流量小、变化幅度大，且给水泵汽轮机转速受临界转速及排汽温度等因素的限制，单纯的汽动给水泵转速调节可能无法完全满足锅炉给水流量、压力的要求，因此要求有可靠和灵活的调节手段，以顺利实现机组启停汽动给水泵全程给水。

机组真空建立后，待汽动给水泵前置泵无法满足锅炉上水需要时，用控制汽动给水泵再循环门开度、锅炉主给水电动门或锅炉给水旁路门开度的方式，调整汽动给水泵的出力满足锅炉上水需要。因此，需要进行以下几方面的运行优化：

（1）优化机组汽动给水泵再循环调整门的开、关逻辑，以防止因再循环门开关引起给水流量的大幅突增、突减。

（2）可根据机组实际情况，在给水管路增加上水调节门，保障可靠给水调节手段。

（3）随着锅炉上水的需要，可采用改变汽动给水泵转速，调整再循环门及给水调整门开度相结合的方式调整给水流量，调整中注意给水流量的稳定。

三、排汽温度及振动的控制问题

给水泵汽轮机在低转速、低负荷工况下，由于进入给水泵汽轮机的蒸汽流量小，无法及时带走转子鼓风所产生的热量，给水泵汽轮机排汽缸温度升高，将引起轴承中心高度发生变化，并可能造成轴承振动增大；给水泵汽轮机在临界转速区域，也会出现振动突增。为了确保给水泵汽轮机在低转速、低负荷工况下的运行安全，可采取以下控制措施：

（1）密切监视给水泵汽轮机排汽温度，应及时投入排汽管减温喷水或增加进汽量提高给水泵汽轮机转速。

（2）尽可能维持汽轮机凝汽器较高的真空。

（3）给水泵汽轮机冲转升速过程中，应迅速平稳地通过临界转速，不得将给水泵汽轮机在临界转速附近停留。在过临界转速时，汽动给水泵转速变化快，给水流量压力波动大，应提前做好给水流量的调节控制。

2.1.2 少油或无油启动

目前，新建机组锅炉燃烧系统一般设有一套或多套等离子点火系统。随着等离子点火技术的可靠性不断提高及适应煤种越来越广泛，为机组实现无油或少油启动提供了有利的条件，但等离子点火技术存在的问题仍然需要细化运行措施予以解决。

一、等离子点火初期对锅炉升温升压参数的控制

采用等离子点火系统启动时，为保证在点火初期煤粉能够很好地着火，必须保证一定的煤粉浓度。但是如果在点火初期投入较多的燃料，必然会造成升温升压速度过快而难以控制，同时对于超临界、超超临界直流炉来说还容易加剧氧化皮剥落，剥落的氧化皮容易堆积在锅炉蛇形管底端，造成受热面爆管，给锅炉运行带来一定的风险。在点火初期控制等离子燃烧器煤粉浓度接近 0.2kg/kg 左右时基本能较好地着火。同时针对不同的锅炉燃烧方式，可以采取一定的特殊办法，达到既能保证单台燃烧器着火所需的煤粉浓度，又能保证锅炉初始燃料量不至于过大而造成升温升压速度过快，同时也保证磨煤机的正常运行。

（1）对于前后对冲燃烧的旋流燃烧器和中速磨煤机，可以通过在点火初期关闭部分等离子燃烧器来保证运行燃烧器的煤粉浓度，同时保持足够低的磨煤机给煤量来保证磨煤机能够正常运行而不发生振动。此方法在某电厂 600MW 超临界直流炉上已经运用得比较成熟，在点火期间能保证锅炉厂所要求的升温升压曲线。

（2）对于切圆燃烧的单炉膛或双炉膛锅炉，按照锅炉厂家的要求，一般要求初始投入燃料量控制在 BMCR 工况的 5% 左右。如某电厂 1000MW 超超临界双切圆锅炉在冷态启动时初始燃料量约为 BMCR 工况下的 7%，同时所配的 ZGM133G 型液压变加载磨煤机最低出力为 25t/h，此煤量约为 BMCR 工况下煤量的 6.3%，完全能满足锅炉厂家的最低煤量要求而不至于发生因为升温速度过快而影响氧化皮剥落。而对于切圆燃烧形式的锅炉，只要磨煤机最低运行煤量允许，可以尝试在点火初期像对冲燃烧锅炉那样关闭部分燃烧器，随着升温升压再逐步打开其他燃烧器。因为切圆燃烧锅炉在使用等离子点火初期，燃烧器煤粉的着火主要靠等离子产生的高温电弧生成高温等离子体引燃煤粉，而不是靠燃烧器的相互支持引燃的。此种点火方式在某发电公司 600MW 超临界切圆燃烧直流炉上得以成功尝试，为 1000MW 超超临界切圆燃烧器直流炉提供了一个很好的借鉴作用。某电厂 1000MW 超超临界双切圆锅炉在机组启动过程中曾尝试关闭同一个切圆的其中两个燃烧器，在磨煤机煤量达到 50t/h 以上时，锅炉各水冷壁之间温度偏差仍可控制在规定范围内。

二、等离子点火方式下启动第二套制粉系统

在机组启动过程中，如果要实现无油或少油启动，则启动第二台磨煤机是非常关键的。

（1）对于所烧煤种为高挥发分、高发热量的优质煤的机组，由于煤粉着火温度低，易于点燃，因此基本可以实现无油点燃第二套制粉系统。

1）对于切圆燃烧锅炉，整个炉膛作为一个巨大的火炬共同组织燃烧，下层燃烧器稳定地燃烧以后，将会形成一个基本充满全炉膛的火炬，只要炉膛热负荷达到一定的程度，用下层燃烧器点燃相邻的上层燃烧器是比较容易的，只要单台磨煤机的出力达到计算出力的 80% 以上，炉膛出口烟温达到 400℃ 以上，可以不投油，安全稳定地点燃上层相邻燃烧器。如某电厂 1000MW 超超临界直流炉，在第一台磨煤机出力达最大出力 62% 时，炉膛出口烟温已经达到 450℃，完全能够满足第二台磨煤机对应的燃烧器的点火能量需求。

2）对于前后墙对冲燃烧旋流燃烧器，等离子燃烧器一般布置在底层燃烧器。由于前后对冲燃烧方式主要是靠旋流燃烧器自身卷吸高温烟气来点燃煤粉，各层燃烧器之间的相互支持作用较切圆燃烧弱，所以无油启动前后对冲燃烧式锅炉第二台磨煤机有一定的难度。但是通过合理组织安排启动第二台磨煤机，实现无油启动第二台磨煤机也是能够实现的。图 2-1 为某厂 600MW 超临界前后对冲燃烧直流炉在机组启动过程中启动第二台磨煤机的示意图。该厂在机组启动过程中启动第二台磨煤机时发现，当启动等离子燃烧器对侧同层燃烧器时（也就是对侧底层燃烧器），燃烧器往往需要经过 1min 左右才能出现火检，而且炉膛负压波动也较大，锅炉燃烧存在很大的风险。从炉膛燃烧时高温烟气的实际流向来看，等离子燃烧器着火后的高温烟气在引风机的抽吸以及本身煤粉射流的作用下朝炉后向上流动，说明等离子燃烧器对侧同层燃烧器出口处的烟气温度比上一层燃烧器附近的温度低，所以决定在启动第二台磨煤机时先启动等离子燃烧器对侧中层燃烧器。在第一台磨煤机的出力达到计算出力的 55% 以上，炉膛出口烟温达到 500℃ 以上时，对面燃烧器出口

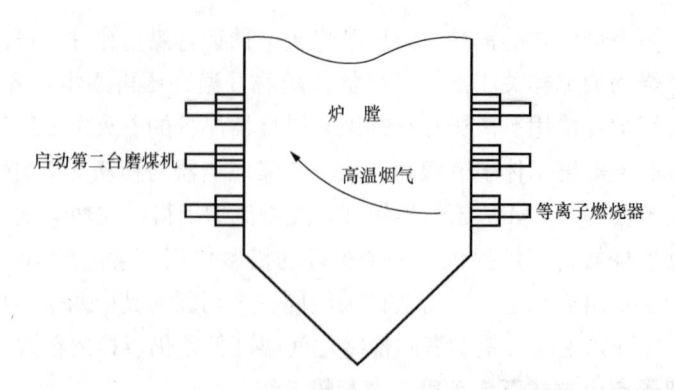

图 2-1　某厂启动过程中启动第二台磨示意图

处温度可达600℃以上，可以达到不投入油枪点燃对面的燃烧器。通过实践证明：在启动第二台磨煤机之前，先在磨煤机内布好煤，并充分暖磨，在启动第二台磨煤机后燃烧器火检马上显示出来，炉膛负压波动不大，能够实现安全、无油启动第二台磨煤机。这可为其他电厂的前后对冲燃烧锅炉实现无油启动第二台磨煤机提供一些有利的借鉴，各电厂可根据自身实际情况进行试验。

（2）对于所烧煤质较差，燃煤挥发分和发热量低的机组来说，在等离子点火方式下启动第二套制粉系统有一定的难度。为防止锅炉在启动第二套制粉系统时发生爆燃事故，可以在启动第二套制粉系统前投入相应油枪，再启动第二套制粉系统，待煤粉着火正常后逐步退出油枪运行，做到机组少油点火启动。

所以，针对大型锅炉，无论是切圆燃烧方式还是前后对冲燃烧方式，只要在启动前经过精心组织和安排，同时在燃烧调整上进行一系列适当的控制，是完全能够实现微油甚至无油启动的。

2.1.3　邻炉加热技术

邻炉加热主要指处在冷态的锅炉，借用邻机或邻炉的汽源，对该炉水循环系统进行加热，使其达到所需要的参数。可以大大缩短锅炉点火到机组并网运行的时间，节省了厂用电和初始燃料的投入。

一、邻炉加热技术的应用

目前，大容量亚临界机组一般均采用炉水强制循环模式，邻炉加热方式可分为混合式和表面式，汽源取自邻炉，引入点一般为水冷壁底部联箱（强制循环炉也有将炉水泵出口管道作为引入点的）。亚临界机组邻炉加热可分为以下两种：

（1）表面式邻炉加热系统：适用于亚临界强制循环汽包炉，在炉水循环回路中炉水泵出口管道上加装旁路，增加表面式换热器，利用邻炉再热蒸汽来加热炉水，经换热器后的疏水采用回收及排放两种方式，回收可至除氧器，排放可至定排扩容器。

（2）混合式邻炉加热系统：适用于亚临界所有机组，直接加热炉水，受炉水循环的限制，混合式邻炉加热系统一般可将炉水加热至100～120℃之间。

由于超临界或超超临界机组有启动循环冲洗系统，蒸汽引入点可安排在除氧器或高压加热器，通过换水的方式逐步均匀提高炉水温度，但是同时会造成部分高温介质热量的浪费。

二、邻炉加热技术的优点

邻炉加热技术对锅炉冷态启动的节能效果十分明显。

（1）锅炉冷态启动时投运底部加热，能够在启动初期就建立稳定的水循环，点火前锅炉蒸发受热面各部件已得到了均匀加热，因而对点火后防止管壁金属超温十分有利，可延长受热面的使用寿命。

（2）锅炉冷态启动时投运底部加热，可减小启动时汽包上、下壁温差。锅炉点火时炉膛内已具有一定的温度对点火初期的燃烧十分有利，并可缩短点火启动时间，节约厂用电及启动用油。采用相邻机组的抽汽来加热炉水，可提高启动经济性。

（3）邻炉加热装置的投入对于过热器、再热器可起到保护作用。

（4）对于北方地区的锅炉，如在冬季进行机组检修或备用，可采用锅炉底部加热措施进行防冻。

三、邻炉加热技术注意事项

（1）高压水反窜问题。

亚临界机组邻炉加热目前多采用混合式，增加了高压介质进入低压介质的危险点。因此，在设计上应考虑加装止回阀或旋转堵板和安全阀等以保证安全。锅炉点火后应立即将加热系统隔绝、泄压。检查各加热门应关闭严密，开启加热蒸汽母管疏水门。

（2）邻炉汽源选择问题。

从邻炉引入加热汽源，原设计一般采用机组辅汽，在启动后期辅汽压力、温度无法满足需要，建议采用汽轮机高压缸排汽作为邻炉加热的汽源。

（3）水冷壁振动问题。

在底部加热过程中，由于锅炉内的水在蒸汽的加热和推动下，水冷壁会产生较大的振动，因此在实际操作中应注意控制温升速度，避免发生振动造成设备损坏。

2.1.4　机组启停过程优化

机组启停过程中除了采用新型节能技术外，也应该从合理组织辅机设备和系统的投退时机、顺序等运行方式上进行优化，达到缩短启停时间、合理优化启停运行操作的目的。

一、机组经济启动

（1）机组启动准备阶段减少影响机组启动的意外因素发生，制订机组启动前系统检查准备办法，提前发现影响机组启动的缺陷，及时安排处理，确保机组顺利启动，缩短机组启动时间。从组织措施、计划操作入手，合理安排辅机的启动顺序，细化机组启动步骤，从而实现机组启动全过程节能降耗。

（2）大型机组启动目前已经逐步实现了微油或等离子点火、汽动给水泵全程给水启停机、单侧风机机组启动等节电优化措施。

二、机组经济停机

（1）机组滑参数停机过程中应合理安排，调整循环水泵、凝结水泵、真空泵和汽动给水泵等辅机的运行方式。锅炉熄火后，通风吹扫完成即可停止送、引风机运行，稍开风机挡板进行自然通风。送风机、引风机、一次风机停运1h（视环境温度和轴承温度而定），停运风机的润滑油泵、液压油泵。停炉后炉膛出口温度降至60℃，停止火检风机。机组打闸后即可停运所有真空泵。汽轮机盘车投入后对可能进入凝汽器的热源进行可靠隔绝，对于机组辅机冷却水为开式循环的系统，由于系统与循环水分离，停用1h后确认循环水无用户后可及时停运循环泵。以海水作为凝汽器冷却水水源的机组，辅机冷却水多为闭式冷却水系统，由于闭式水的冷却水源取自海水，对于扩大单元制的循环水系统（机组间配置有循环水联络门）可以通过机组间循环水联络门为本机供水。对于循环水为闭式循环带冷却塔的系统，在机组停运前应降低水塔水位，采取临时措施将停运机组水塔水排至运行机组，杜绝水塔溢流。

（2）闭式水系统在单元机组之间设计有公用管路能实现互联的，当一台机组停运，可通过公用管路由邻机向停运机组供水。对于有些电厂的机组，至公用系统闭式水管管径较小，不能满足另一台机组冷却需要的电厂，建议增加闭式水联络管道。

（3）对于凝结泵的优化运行，机组停运凝汽器的热负荷已经隔绝，排汽缸温度降至50℃以下时，凝结水杂用母管没有用户后即可停运。

2.2 辅机运行方式优化

2.2.1 循环水系统运行方式优化

循环水系统运行方式调整优化的目的是要在不同水温、负荷工况条件下，尽可能使机组在最佳真空下运行，确保机组经济运行。循环水运行优化有两种思路，一种是以供电煤耗降低为目标的优化运行，另一种是以利润增加为目标的优化运行。

一、单元制循环水系统运行方式优化

目前，火力发电厂的循环水绝大部分采用的是单元制设计，即每台机组配备两台循环水泵，机组之间循环水系统无联络。近年来，随着国内1000MW机组的陆续投产，"一机三泵、两运一备"的设计配置方案也得到应用，使循环水泵运行方式更趋灵活。单元制循环水系统主要通过改变循环水泵运行台数来实现循环水流量的调整。

表2-1是某电厂以供电煤耗降低为目标通过对凝汽器变工况热力计算及循环水系统优化得出最经济的运行方式，其循环水系统配置为"一机两泵"方式。

表2-1　　　　　　　　循环水系统配置表

机组负荷 (MW)	循环水入口水温（℃）						
	32	30	25	21	15	10	5
600	双泵	双泵	双泵	双泵	双泵	单泵	单泵
550	双泵	双泵	双泵	双泵	单泵	单泵	单泵
500	双泵	双泵	双泵	双泵	单泵	单泵	单泵
450	双泵	双泵	双泵	双泵	单泵	单泵	单泵
400	双泵	双泵	双泵	单泵	单泵	单泵	单泵
350	单泵	单泵	单泵	单泵	单泵	单泵	单泵
300	单泵	单泵	单泵	单泵	单泵	单泵	单泵

循环水系统优化也可采用计算机系统对相关参数实时计算，保证优化的科学性；某电厂两台600MW机组进行循环水泵启停优化后，测算全年供电煤耗降低约0.67g/kWh。

二、配置高、低速电机或加装变频器循环水泵的运行方式优化

为了进一步降低循环水泵电耗、节约厂用电，可将一台循环水泵电机改为高低速切换电机或加装变频器。双速改造不但能够降低泵的电耗，而且增加了泵运行台数的组合方式。比如，单机两泵的机组经过循环水泵的双速改造，其循环水运行方式将由两种（单泵、双泵）增加为四种（单泵低速、单泵高速、双泵均低速、双泵均高速）。电机变频改造实际上就是双速改造的无级调速方式，可以实现较大转速范围内的无级变速调节。循环水泵改双速后需注意凝汽器管束腐蚀、胶球清洗投运及冬季防冻的问题。

低速循环水泵运行期间，应关注胶球系统投入情况，按照收球率统计结果，制定防止凝汽器铜管结垢的循环水泵运行方式，可在定期启动高速循环水泵期间投入

凝汽器胶球清洗装置。

三、扩大单元制循环水系统运行方式优化

单元制循环水系统，循环水泵一般为"一机两泵"，没有机组间的循环水联络门，会导致单台机组优化循环水泵运行方式时，存在单泵运行循环水量略显不足而双泵运行时循环水量略微过剩的矛盾局面。对于两台及以上的机组，宜考虑联通循环水系统，采用扩大单元制供水，将会解决单台机组优化运行时这一矛盾，另外还可大大降低机组在启停时循环水泵的耗电量，使循环水系统的优化方式更加灵活多样。理论上，联通的机组台数越多，显现的经济效益越大。

某 2×600MW 机组为了有效地节能降耗，循环水采用两机三泵运行方式，即将两台机组的循环水泵出入口管道联络，每年减少一台循环水泵 4 个月的运行时间，可节约厂用电 907 万 kWh，节能效果可观。

四、开、停机时循环水运行方式优化

在机组开机冲转以前采用邻机循环水供本机组；在机组停机时打闸后马上进行循环水方式的改变，由相邻机组供水，可大大节约厂用电和外购电的费用。

2.2.2 凝结水系统运行方式优化

凝结水系统是指凝汽器至除氧器之间的管路与设备。凝结水系统除了将凝结水加热后输送至除氧器供锅炉给水泵用水外，同时还向低压旁路、辅汽、轴封供汽减温器等提供减温水以及向系统提供补水、密封水等。目前大机组凝结水系统普遍设置两台 100% 容量或三台 50% 容量的多级凝结水泵。部分机组在基建时已安装变频器运行，多数机组设计凝结水量的调节是依靠安装在轴封加热器和末级低压加热器之间的调节站进行节流调节，调节站一般由并联的主、副调节装置和一只旁路阀组成。

随着区域电网容量的快速增长，火电机组普遍调峰运行，机组峰、谷差负荷变动范围大，采用节流调节凝结水量是一种非常不经济的运行方式，未实现变频调节的电厂多数已完成或正在实施变频改造。凝结水系统应从以下几个方面开展优化工作，降低凝结水泵耗电率，提高系统运行经济性。

一、进行变频改造，实现变速调节

节流调节是一种非常不经济的调节方式，部分大机组凝结水泵由于设计选型裕度过大，运行中凝结水上水调整门节流调节时压降过大，额定负荷时调整门节流扬程占整个泵扬程的 35% 以上，低负荷时节流更加严重。不经济的运行方式导致凝结水泵耗电率偏大，同时造成阀门冲刷严重、管道振动、噪声超标，有些机组由于低负荷时凝结水母管压力过高，不得已采取开启凝结水再循环的方式。

变频调节可对扬程、流量同时进行调节。根据泵的相似理论，泵的流量与转速

成正比、扬程与转速的平方成正比，而功率与转速的立方成正比。因此，采用改变转速的办法来改变水泵运行工况点，调节凝结水量无疑是节电的最佳方法。600MW 机组凝结水泵改为变频控制后，在 75% 负荷时凝结水泵耗电率由 0.40% 最低可降至 0.15%，低负荷时节电效果更加明显。

二、进行通流改造，进一步挖掘节能潜力

由于设计配套性差，扬程余量过大以及改变频后凝结水泵低速运行时振动大的制约，有些电厂凝结水泵在低负荷时由于扬程仍较高或最低运行转速受到限制的问题仍不得不采用节流调节，变速调节的经济性不能全部体现。另外由于部分国产凝结水泵制造工艺不佳，泵效率达不到设计值。所以，有些已实现变频运行的凝结水泵还需要进行通流部分改造。

通流部分改造主要是对多级凝结水泵叶轮进行车削、拆除或对叶轮进行部分改进，提高泵的效率，进行动平衡试验调整消除低速时的振动。对凝结水系统压力余量测试分析，合理制定改造后的扬程是通流改造能否达到预期效果的关键。

凝结水泵的容量选择原则可以只考虑设备老化、性能下降以及正常的管道系统泄漏。对于特殊情况只能靠备用泵来解决，避免出现为解决极特殊情况下的问题而牺牲长年的效益。首先应根据机组额定负荷时实际凝结水量按照一定的裕量计算选定最佳设计流量，再根据此流量时的管道阻力、几何扬程，保留调整门一定的节流扬程计算出改造后工频运行时的总扬程，最终确定改造后的最佳设计流量、设计扬程。

对于 N 级凝结水泵，采用空装和假套替代的办法拆除一级叶轮后扬程可降低 $1/N$，若仍有较大富裕扬程可对保留的其他除首级外的次级叶轮进行外径车削。为了弥补拆除和车削叶轮造成的泵效率下降，还需要在科研单位的协助下开展泵通流部分改进，对叶轮局部型线进行改进，提高泵的效率，同时消除水力原因引起的振动，经通流改造后的凝结水泵由于扬程大幅降低、运行稳定性将明显提高。

对大机组的定速凝结水泵的节能优化方案，应该是先进行凝结水泵的节能优化改进，解决泵本身的配套性和提高运行效率后，再实施电机的变频改造或同时进行，这样不仅可达到最佳节能效果，还可以大大降低变频器的功率，节约变频器的改造费用。

三、开展凝结水管道系统的优化

机组运行中定期检查凝结水系统处于关闭状态的阀门严密性，这些阀门主要包括凝结水再循环门、疏扩减温水门、低压旁路减温水门、排汽缸喷水门、高排通风阀减温水等，减少因阀门内漏导致凝结水泵耗电率增加。

凝结水泵变频运行后，凝结水母管压力明显降低，低负荷时尤为明显，个别机

组出现轴封减温器减温效果下降，不能满足正常工作要求的现象，应根据压力变化及时更换喷嘴或对喷嘴进行改造，保证低压轴封温度在正常范围内。某些机组化学精处理装置设计说明中对入口压力要求可能出现高于运行中凝结水压力的问题，在满足化学精处理要求的前提下，合理确定最低运行压力限值。对于凝结水压力下降对密封水的影响及机组启动过程低压旁路减温水对压力的要求，应通过试验确定最低压力要求，尽可能减少因提升凝结水压力而造成的耗电率升高。

凝结水泵改造前后要对整个系统各段阻力进行测试比较，变频和通流改造后凝结水调节站主、副调整门应处于全部开启状态，个别机组因调整门设计变径较大，此时调节站前后系统仍存在较大压差，需开启旁路门运行，减少系统节流。同时需对控制逻辑进行完善，保证变频泵运行跳闸、备用工频泵（一拖二方式）联启后旁路电动门联锁关闭，对关闭时间较长的旁路门，应更换电动头。

对轴封加热器后凝结水管道设计无保温的机组，增加保温以减少热量损失。

四、采用三台50%容量凝结水泵的优化运行

对于设计采用"两运一备"方式配置的凝结水系统，通过试验核定单泵最大出力，运行中根据情况应及时调整运行方式，减少凝结水泵运行台数，当机组负荷在单泵最大出力以下时，应尽可能保持一台凝结水泵运行；当机组负荷升至单泵最大出力以上时，增开第二台凝结水泵。在这方面，有的1000MW机组电厂已开始进行了相关试验，在500～600MW负荷，单台设计为50%容量的凝结水泵全速运行可以维持运行，相比双泵变频调节运行，凝结水泵总电流下降约35A，节能效果明显。

2.2.3 制粉系统优化

目前，火力发电厂采用的制粉系统可分为中储式制粉系统和直吹式制粉系统两大类型。600MW及以上机组一般均采用直吹式制粉系统，配用中速磨煤机。制粉系统运行方式优化调整是锅炉机组燃烧优化调整的主要内容之一，其方法是通过调整试验对制粉系统进行调整、测量，从而了解制粉系统的各种运行特性，在此基础上进行系统的优化调整，确保制粉系统能够连续、均匀供给锅炉安全经济燃烧所需的煤粉质量及数量，实现降低制粉单耗，提高机组的安全性和经济性的目的。

一、制粉系统一次风压设定曲线优化

目前大多数机组一次风压设定曲线往往是根据机组负荷确定的。随着机组负荷的提高，一次风压定值也相应增加。但是对于设置中速磨煤机的机组来说，随着机组负荷的提高，需要增加相应的制粉系统来满足机组负荷需求，这样带来由于投运的磨煤机台数增加使每台磨的煤量反而有所降低，对应的一次风压由于负荷指令的增加反而增加。由于运行磨煤机实际煤量减少，所需一次风量也相应降低，所以必

须适当关小磨煤机冷、热风挡板来维持合适的磨煤机风煤比，这样就造成一定的节流损失，增加制粉系统单耗。所以可以对一次风压曲线进行适当修改，用运行磨煤机的最大给煤指令作为一次风压设定函数，机组负荷作为一次风压设定的前馈信号。这样随着磨煤机给煤量的变化，一次风压的设定值也相应发生变化，而能保证运行磨煤机冷、热调节挡板维持足够大的开度，降低磨煤机通风阻力，降低制粉系统单耗。

二、中速直吹式磨煤机组合优化

机组运行中，为保证燃烧的均匀性和制粉系统运行的经济性，尽量让各运行磨煤机保持均等出力运行。在总出力一定的情况下，各磨煤机保持均匀负荷时的单耗比各磨煤机维持高、低悬殊的出力运行更为经济。一般情况下，磨煤机在高出力的情况下运行时最经济，随着磨煤机出力下降，制粉单耗上升。对于直吹式制粉系统，当负荷降至很低时，制粉系统经济性下降加速，当磨煤机负荷低于一定程度后，磨煤机一次风量不能再继续降低，磨煤机风煤比增大，这样不仅使磨煤机经济性下降，而且由于煤粉浓度低、燃烧不稳，易造成锅炉灭火，所以在设备数量和机组运行工况允许的条件下，应通过投、停磨煤机的方式来保证各台磨煤机经济运行，避免运行磨煤机维持较低出力。

同时在磨煤机组合方式以及运行各磨煤机负荷分配上，应考虑到锅炉燃烧、炉内结焦、锅炉主再热汽温及制粉系统运行经济性等各方面综合考虑。当燃用易结焦煤种时，应避免锅炉热负荷过于集中，所以宜保证每台磨煤机出力均匀，或者采取制粉系统隔层运行等方式，以达到分散锅炉热负荷的目的。而在燃烧低挥发分煤种时，为提高煤粉着火燃烧安全性，应保证炉膛热负荷相对集中，所以应避免磨煤机分散运行。

三、磨煤机出口温度优化

直吹式制粉系统出力的变化是影响磨煤机出口温度的一个主要因素。改变风煤比或入口一次风温度都可达到调节作用。但为了维持经济的风煤比，在磨煤机出力允许的条件下，应使用改变入口一次风温度的方法调节磨煤机出口温度。

提高磨煤机的入口风温可提高磨煤机的出力。当给煤量不变时，可减少磨煤机内的再循环煤量和煤层厚度，使制粉电耗降低；同时，开大热风门、关小冷风门可降低排烟温度和散热损失，并对提高燃烧效率有明显的效果。图2-2所示为某厂磨煤机出口温度对锅炉排烟温度的影响曲线。从图中可以明显看出，提高磨煤机出口温度有助于降低锅炉排烟温度。所以，在安全允许的条件下，推荐维持磨煤机出口温度在上限运行，即按设计温度运行，但对燃用高挥发分煤种的磨煤机，应严格限制磨煤机出口温度，防止发生制粉系统着火或爆炸事故。

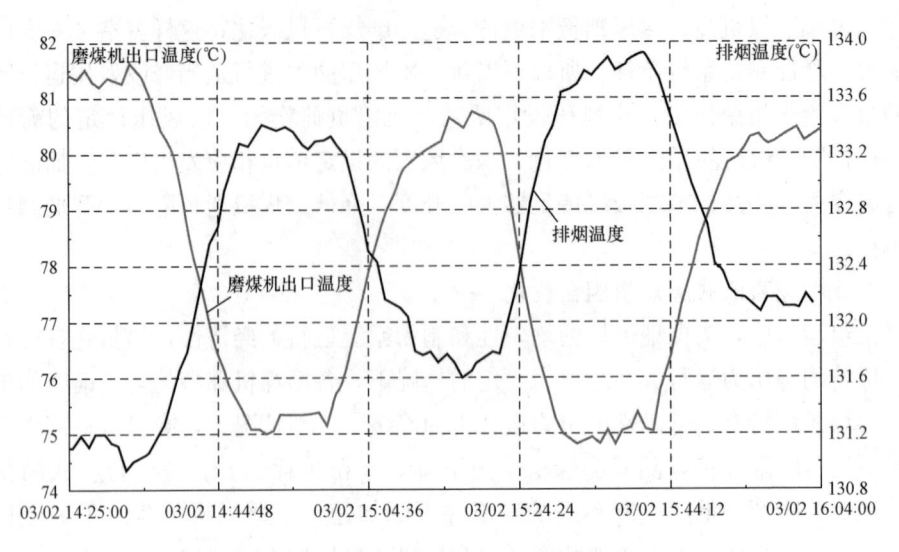

图 2-2　磨煤机出口温度对锅炉排烟温度的影响曲线

某 600MW 机组进行了五台磨煤机运行和四台磨煤机运行两种典型工况的提高磨煤机出口温度对排烟温度的影响试验。在五台磨煤机运行的工况下，将磨煤机出口温度提高 5℃，排烟温度降低 2.7℃；在四台磨运行的工况下，将磨煤机出口温度提高 5℃，排烟温度降低 2℃。以四台磨煤机运行作为典型工况，将磨煤机出口温度设定值由 80℃ 提高到 85℃，则空气预热器出口烟气温度降低 2.0℃。

四、煤粉细度优化

随着煤粉细度减小（变细），磨煤机电耗和磨损加大，而锅炉的燃烧效率升高，因此存在一个经济的煤粉细度，一般由试验或经验确定。对于燃用无烟煤、贫煤和烟煤的锅炉，煤粉细度 R_{90} 可按 $0.5nV_{daf}$（n 为煤粉均匀性指数，V_{daf} 为干燥无灰基挥发分）选取，煤粉细度 R_{90} 的最小值不低于 4%。当燃用褐煤时，中速磨煤机的煤粉细度 R_{90} 一般取 30%～35%，风扇磨煤机的煤粉细度 R_{90} 一般取 45%～55%。

煤粉细度优化调整，应根据煤质、锅炉不完全燃烧损失及磨煤机电耗、石子煤排量情况，合理调节磨煤机出口分离器挡板。在一定风量下关小分离器挡板，气流旋转加强，出粉变细；煤粉细度与挡板开度在一定范围内大致呈线性，进一步关小挡板开度，出口煤粉又重新变粗。不同型式的分离器应通过试验确定其特性曲线，根据特性曲线，进行分离器挡板的调节。

五、一次风量优化

磨煤机的通风量是制粉系统安全经济运行的重要参数，对煤粉细度、磨煤机电耗、石子煤量和最大磨煤出力有着重要影响。在一定的给煤量下增大风量，即增加风煤比，磨煤机内循环煤量减小、煤层变薄、磨煤机电耗下降，但由于风量增大，煤粉变粗，风机电耗也将增加。风量的高限取决于锅炉燃烧和风机电耗，如果一次风速过大，煤粉浓度过低或煤粉过粗，易对燃烧产生不利影响，或者风机电流超限，则风量不能继续增加。风量的低限主要取决于煤粉输送和风环风速的最低要求。煤粉管道内的一次风速低，不足以维持煤粉的悬浮，煤粉会在管内沉积造成管道堵塞，甚至可能引起自燃；一次风速最低允许值一般为18m/s。一次风速过高则不经济，且易磨损管道，降低煤粉浓度，影响着火稳定；一次风速不宜超过27m/s。据此原则，应在保证制粉出力、干燥出力及煤粉初期着火需求的情况下，合理调整一次风量。

一次风压的调节，应能保证磨煤机经济风量的需求，同时尽量减少磨煤机入口挡板的节流损失。

六、中速磨煤机加载力运行调整优化

中速磨煤机加载力是依据煤质进行的。当磨煤机磨制可磨性系数较高或高热值煤种时，应将磨煤机加载力设置低一些；当磨制可磨性系数较低或低热值煤种时，应将磨煤机加载力设置高一些。在实际运行中，往往出现因为磨煤机加载力设置不合理而导致磨辊及衬瓦磨损较快、石子煤排量过大的现象。应合理地确定磨煤机液压加载曲线，在保证磨煤机出力和煤粉细度的前提下，适当降低磨煤机加载力，延长磨辊、衬瓦、输粉管及受热面的使用寿命，降低磨煤机单耗。

2.2.4 增压风机、引风机协调控制

目前大部分新建机组和改造机组脱硫设备与机组分开建设，由于增压风机与引风机为串联运行方式，两风机共同克服锅炉烟气与脱硫烟气的阻力，因此，要使两者同在高效区运行，应通过完善增压风机和引风机协调控制，在机组和脱硫系统安全运行的前提下，找出不同负荷时系统最安全、经济的联合运行方式，即在不同负荷和炉膛压力下，增压风机入口设定值原则上应保证引风机和增压风机电流之和为最小值。

脱硫增压风机调节有入口压力自动调节和旁路挡板前后差压自动调节等方案，大机组多使用第一种方案。采用脱硫增压风机入口压力自动调节系统的控制方案是引风机维持炉膛压力，增压风机维持其入口压力。

对于设置两台增压风机的锅炉，在对引风机与增压风机协调控制优化运行不断摸索的同时，还可以尝试在机组低负荷时停止一台增压风机运行，保持单台增压风机维持较高效率，达到进一步经济运行的目的。

2.3 汽轮机冷端优化

结合冷端系统运行方式优化，提高汽轮机冷端性能，是提高机组热经济性的较好途径。冷端优化主要为机组排汽系统和冷却系统优化，以提高机组的真空为主要目的。对于大型湿冷机组，凝汽器真空度每下降1%，机组热耗约上升1%。因此，冷端优化的节能效果十分明显。

2.3.1 冷却塔的运行优化

冷却塔运行优化的目的，是在环境温度高时尽可能提高冷却塔的效率，冬季时控制冷却塔出水温度，使机组在最经济的真空下运行。

（1）冷却塔旁路电动门、防冻管电动门关闭后，应确认其关闭严密，防止冲刷内漏导致冷却塔出水温度升高。

（2）在冷却塔热负荷大于90%额定负荷、气象条件正常时，夏季测试水塔出口水温与大气湿球温度之差应不大于7℃，否则应查明原因。

（3）当循环水温度改变时，凝汽器端差控制根据 DL/T 1052—2007《节能技术监督导则》规定如下：

1）循环水入口温度小于或等于14℃，凝汽器端差小于或等于9℃。

2）循环水入口温度为14～30℃，凝汽器端差小于或等于7℃。

3）循环水入口温度在30℃以上，凝汽器端差小于或等于5℃。

（4）冬季冷却塔的运行优化。

1）在冬季环境温度较低时，北方寒冷地区冷却塔需要开启防冻管，关闭内环配水门（对于虹吸配水冷却塔，采取破坏内环虹吸的方法）并配合装设挡风板防冻。机组运行中调整真空时，优先使用防冻管和调整内环配水。若通过上述方法调整仍无法满足要求，则通过调整挡风板的数量来调整循环水进水温度。随着循环水温度的降低，机组真空逐渐提高，机组经济性提高，但需控制真空不高于汽轮机的极限真空；当真空再进一步提高时，汽轮机末级叶片的级效率就会大大下降，机组经济性反而下降，同时控制凝结水过冷度不大于2℃。

例如，北方某厂当环境最低温度降至−10℃时装第一层挡风板，最低温度降至−20℃时装第二层挡风板。拆装挡风板工作量大且周期长，因此需根据天气预报和机组负荷预测提前安排，才能使机组真空始终维持在最经济真空附近运行。

2）已结冰的湿冷塔应根据结冰情况及时加大淋水密度化冰，严重时要组织人力除冰，防止损坏水塔填料。

2.3.2 真空泵工作液冷却方式优化

目前，大型发电机组的真空系统多采用偏心水环式真空泵，其优点就是抽取单位干空气量的能耗较低。水环式真空泵在运行时，其抽吸能力与工作液温度有关，其极限抽真空值就是该温度对应的饱和压力，因此工作液必须保持一定的过冷度，如水温升高，泵的抽吸能力会下降，严重时真空泵工作液将发生汽化。所以，在相同的循环水流量下，凝汽器的压力受真空泵极限抽真空能力的限制。

一、真空泵冷却液温度对真空的影响

为了保证正常工作，水环式真空泵的腔室压力必须满足始终低于凝汽器压力一定的数值，这样才能保证将不凝结气体抽出来，这是一个最基本的要求。水环式真空泵腔室压力的极限值就是工作液冷却水对应的饱和压力值。如果冷却水温度升高，对应的饱和压力值也升高，真空泵和凝汽器压力的差值缩小，那么真空泵的抽真空作用将逐步减小，将对机组凝汽器真空产生极大的影响。极限情况：如果真空泵冷却水温度和汽轮机排汽温度一样高，那么真空泵和凝汽器压力的差值将为零，真空泵将完全失去抽真空作用，凝汽器真空也将急剧恶化。实际运行中，经常发生由于工作液温度升高、抽气能力严重下降而导致机组真空升高的现象。

某电厂亚临界 300MW 机组进行了真空泵冷却水温度对机组真空的影响试验。试验结果证明，水环式真空泵工作液温度由 15℃降低到 5℃时，机组的排汽温度下降 5.2℃，真空提高 1.36kPa；而水环式真空泵工作液温度由 15℃升高到 25℃时，机组的排汽温度升高 8.5℃，真空下降 3.7kPa。因此，目前多数电厂的夏季循环水温度高，达不到真空泵工作液设定温度（15℃），这是限制真空泵抽气能力的主要因素。

二、降低真空泵冷却液温度的方法

目前，一些电厂真空泵冷却水多采用的是闭式冷却水，由于夏季冷却水温度高、冷却水量不足或闭式水冷却器换热效果差等原因，易造成真空泵工作液温度高。要解决这个问题，有以下几种方案：

（1）改造冷却水系统，用循环水直接冷却真空泵，减少中间环节。

（2）增加真空泵冷却器的换热面积，同时加大冷却水流量，进一步提高真空泵冷却器的换热效果。

（3）加强对真空泵冷却器、闭冷水冷却器清洁度的监视，密切注意真空泵工作液温度的变化，一旦换热恶化，必须及时清洗冷却器。

三、真空泵冷却水方式优化

通过加强真空泵系统冷却器的清洁维护工作，可以有效地减少热阻，降低真空泵工作液温度。但是，如果最初的冷却水源的温度就相对较高，那么采取上述方法的效果就不会十分明显。因此，对夏季真空泵工作液冷却水温度超过凝汽器循环水回水温度的系统进行优化是十分必要的。目前可采取的优化方式有：

（1）工业水温度较高时，直接使用深井水作为真空泵的备用冷却水，降低真空泵冷却水的温度，保证真空泵的抽真空能力。

（2）夏季高温天气，可以考虑由中央空调系统的冷冻水系统引取水源作为真空泵冷却水，完全能够保证足够低的冷却水温度。

（3）真空泵补水采用的是温度较低的除盐水，用低温水置换高温水，从而维持或降低真空泵的冷却介质温度。

（4）加装强制冷却装置，降低真空泵冷却水温度。

2.3.3 加装抽真空管道冷却装置

从凝汽器抽出的蒸汽空气混合物，在一般情况下蒸汽占 2/3，空气占 1/3。混合物中的蒸汽一方面降低了水环式真空泵的工作能力，另一方面将水环式真空泵的工质水加热，影响水环式真空泵的性能。如果使蒸汽空气混合物中的蒸汽在进入水环式真空泵之前凝结，将使水环式真空泵的工作能力大大提高。

一、真空管道冷却装置原理

凝汽器抽空气管道冷却装置的原理是在现有的凝汽器抽空气管道的入口处加装一混合式冷却器，利用化学补水将真空泵从凝汽器中抽出的气汽混合物中的水蒸气冷却凝结并回收，使混合物的介质密度减小、流动阻力降低，并使真空泵的工作水温降低、抽吸能力明显提高，特别是在 5～10 月对凝汽器真空提高非常明显。凝汽器抽空气管道冷却装置的原理及系统布置图如图 2-3 所示。

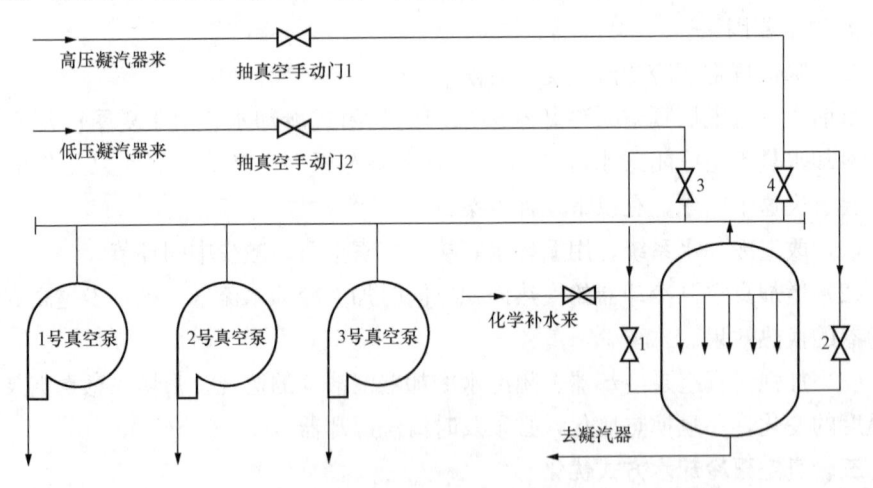

图 2-3 凝汽器抽空气管道冷却装置的原理及系统布置图

二、真空管道冷却装置使用效果及注意事项

冷却装置投运后一般可提高凝汽器真空 0.2～0.3kPa，降低发电标准煤耗 0.6g/kWh，可有效地解决凝汽器真空度偏低的问题。

加装真空管道冷却装置后的使用注意事项如下：

(1) 装置投入退出时应十分注意阀门的操作顺序，确保抽真空管道中气体的流通连续性。即投入时应先开启1、2号入口手动门，然后关闭3、4号旁路手动门；退出时先开启3、4号旁路手动门，然后再关闭1、2号入口手动门。

(2) 真空管道冷却装置的冷却效果与冷却水量的大小在一定范围内有关。但是，对于汽水损失较小的机组，仅仅通过该装置将回收的水补入凝汽器，会导致凝汽器水位不断升高。必要情况下，不得不减少冷却水量，牺牲该装置的冷却效果来保证凝汽器水位的稳定。

(3) 该冷却装置的冷却罐应具备水位监视手段。

2.3.4 真空系统严密性管理

凝汽器真空是汽轮发电机组运行方面重要的安全、经济指标。300MW以上湿冷机组的真空严密性试验合格标准为真空下降速度不高于270Pa/min，300MW以上空冷机组则要求不高于100Pa/min。

国产300MW纯凝机组在满负荷下的真空严密性试验得出：真空下降率每上升100Pa/min，凝汽器压力将平均上升约0.1kPa，且随着漏入空气量的增加，凝汽器压力上升加快。但凝汽器压力并不是随着漏入空气量的增大而线性升高，当漏入的空气量小于某一临界值时，空气对凝汽器换热影响较小；当漏入的空气量超过某一临界值时，开始明显影响凝汽器换热，凝汽器压力开始明显升高。

减少或杜绝空气对凝汽器性能影响的关键是保证机组的真空严密性达到良好的水平。不能仅满足于机组在80%额定负荷及以上时的真空严密性在合格范围内，更要追求机组负荷在50%～100%额定负荷时的真空严密性在良好范围内。这是确保冷端系统性能不受空气影响的充足条件。

机组正常运行时，应定期做真空严密性试验，保证机组的真空严密性合格。严密性不合格时，应通过氦质谱检漏仪查找真空负压系统不严密的地方，并及时处理。

一、真空严密性的影响因素

(1) 汽轮机低压轴端漏空气。

(2) 汽轮机处于负压状态的抽汽管道、加热器壳体等法兰连接的结合面不严，造成加热器汽侧漏空气。

(3) 汽轮机疏水扩容器泄漏。疏水扩容器通过上下两个管道与凝汽器连接，工作时进汽温度为400～500℃，而不进汽时仅有30℃左右，交变应力使扩容器与凝汽器连接的管道易产生裂纹，直接影响凝汽器真空。

(4) 热网加热器、疏水泵等至凝汽器的空气管及疏水管，特别是接入凝汽器喉部的管道容易出现汽水两相冲刷发生管壁减薄，直至造成泄漏，将直接影响机组的真空。

（5）低压缸结合面处泄漏。低压外缸庞大、刚性差、容易变形，在机组启停过程中会产生相当大的交变应力，在应力的作用下，随运行时间的增加，其变形会逐渐增大，造成结合面漏空气。

（6）汽轮机的本体和管道疏水扩容器及其疏水管道、低压加热器的正常疏水和危急疏水管道，在运行工况发生变化，出现振动时，易导致上述部位产生裂纹，漏入空气。

（7）负压部位管道疏水放空气门没有关严或内漏，导致空气漏入。

（8）水封阀门水封断水，造成空气从阀杆漏入。

（9）轴封加热器水封破坏，影响真空。

（10）真空破坏门，汽轮机、给水泵汽轮机大气阀不严密。

（11）凝汽器补充水箱液位过低时，空气通过补水管道漏入凝汽器，影响机组的真空严密性。

（12）热工测点等部位漏入空气。

（13）空冷机组的排汽管道伸缩节及阀门漏入空气。

二、真空严密性试验要求

机组启动带负荷正常后，应及早进行一次真空严密性试验；机组正常运行中，应按照定期工作要求每月进行一次真空严密性试验。当真空严密性超标时，应及时进行查漏工作。

真空严密性试验一般应满足以下试验条件：

（1）机组负荷保证在额定负荷的80%以上。

（2）凝汽器真空值在92kPa以上。

（3）真空泵运行良好，备用真空泵投入正常备用。

（4）真空泵入口阀开关自如，无卡涩现象。

（5）试验时应尽量保持各运行参数稳定。

真空严密性试验过程中需要注意以下问题：

（1）试验时，保证真空最低值不低于86.5kPa（如负荷接近满负荷，真空值不可低于88kPa）。如真空下降较快，接近86.5kPa（或负荷接近满负荷，真空值接近88kPa）时，应立即开启真空泵，中止试验。

（2）夏季大负荷期间，循环水温度较高，真空值达不到要求，不宜进行真空严密性试验。

（3）可以根据试验结果适当考虑降低试验负荷率，以追求机组真空系统更高严密性，因为高负荷时汽轮机轴封系统的自密封效果较强，一定程度上掩盖了真空系统的漏点。

（4）值得指出的是，在进行真空严密性试验时，宜采用停运真空泵的方法进行。目前有些单位采用关闭抽真空手动门进行试验的方法，试验结果可能存在失真，因为空气门存在不严的可能性。

三、保证空冷岛汽侧严密性的措施

（1）基建期保证空冷凝汽器汽侧严密性的措施。空冷凝汽器安装过程中设置专人对空冷系统的施工质量进行过程跟踪，确保安装质量；空冷系统安装完成后，在排汽管道、抽空气管道、凝结水管道上的堵板拆除前，用压缩空气对空冷系统充压进行正压查漏，发现漏点后及时进行处理，直到符合制造厂家要求，然后再拆除堵板，提高真空系统的严密性。

（2）空冷岛查漏。机组检修时，对空冷岛进行整体气密性试验，以查找漏点。大型空冷机组真空系统庞大，对整个空冷岛进行查漏比较困难。空冷岛在设计安装时应在每排散热器的进汽口和抽汽口及凝结水出口加装阀门，以便查漏时对每排散热器进行隔离，单独进行打风压，逐排进行查漏。打风压时要严格控制散热器内压力不得超过风压试验允许值，防止散热器损坏。主要对散热器凝结水出口管与联箱的焊缝处和蒸汽分配管与散热器的连接处进行泄漏检查。

2.3.5 空冷岛的运行优化

空冷岛运行优化的目的是在不同的环境温度、负荷工况条件下，尽可能使机组在最佳背压下运行。空冷岛的运行优化主要包括空冷风机的运行优化、空冷岛水冲洗系统的运行优化、空冷岛喷淋系统的运行优化、冬季空冷岛的运行优化、空冷机组停备或检修的合理安排。

一、空冷风机的运行优化

对于直接空冷机组，其风机的数量较多，以600MW等级机组为例，空冷风机一般为56台，有的机组甚至多达64台。在其他条件不变、风机耗电量相同的情况下，空冷风机运行方式的不同、机组真空不同，导致机组运行经济性不同，因此存在最佳的空冷风机运行方式。

空冷风机运行方式调整优化的目的是要在不同环境温度、负荷工况条件下，寻求最佳的风机运行频率，使机组功率的增加与空冷风机耗功增量之差为最大，机组的经济性达到最佳。曾经给某600MW直接空冷机组做过空冷风机运行方式对机组经济性影响的对比试验：在环境条件相对稳定、机组在满负荷工况的情况下，将风机频率在50~25Hz范围内，每隔5Hz设定为一个工况，对比相邻5Hz之间降频率与停运部分风机的经济性，试验数据见表2-2。

表 2-2　　　　　　　空冷风机运行方式对机组经济性的影响

频率 (Hz)	停风机 数量 (台)	真空 (kPa)	环境 温度 (℃)	单台风 机功率 (kW)	运行风机 数量 (台)	风机总 功率 (kW)	修正至 5℃真空 (kPa)	真空影响 煤耗 (g/kWh)	耗电率影 响煤耗 (g/kWh)	累计影响 煤耗 (g/kWh)
45	2	81.0	5.6	40.0	54	2160	81.18	0	0	0
50	5	81.5	4.6	54.4	51	2774	81.38	−0.22	0.34	0.12
40	2	80.0	5.6	27.8	54	1501	80.18	0	0	0
45	9	80.0	5.6	40.0	47	1880	80.18	0	0.21	0.21
35	2	78.4	5.5	18.5	54	999	78.55	0	0	0
40	10	78.5	5.3	27.8	46	1279	78.59	−0.04	0.15	0.11
30	2	76.0	5.2	12.3	54	664	76.06	0	0	0
35	16	76.0	5.2	18.5	40	740	76.06	0.00	0.04	0.04
25	2	64.0	3.1	6.9	54	373	63.44	0	0	0
30	16	64.0	3.3	12.3	40	492	63.50	−0.063	0.066	0.003

从表 2-2 可以看出，在相同真空下，停运部分风机与全部风机降转速相比，后者经济性更好，而且从趋势中可以看出，随着风机频率的降低，两种运行方式之间的差别逐渐缩小，25、30Hz 两工况比较，两者基本没有差别。试验发现，风机频率在 18Hz 左右时，在散热器上方感觉风量已很小，若风机工作在此频率以下，意义已不大，可以考虑当真空较高、风机频率降至 20Hz 时停运部分风机。另外，相邻风机之间转速差别不宜过大，否则低频率风机的风将无法通过散热器，而相邻风机吹出的热风通过低频率风机处返流回空冷岛下，降低冷却效率。通过试验，当周围风机频率均为 50Hz，而将中间风机频率降为 23Hz 时，该风机的风已无法通过散热器。因此，空冷风机正常运行时，应尽量维持所有风机同频运转，避免停运部分风机运行（冬季考虑防冻时除外）。

二、空冷岛水冲洗、喷淋系统的运行优化

目前，空冷岛水冲洗及喷淋水源一般为除盐水，冲洗装置投入后可提高凝汽器真空，同时也消耗一定的除盐水，增加了冲洗水泵或喷淋水泵的耗电量。因此存在最佳的冲洗周期或喷淋时机，使空冷岛真空的提高所获得的收益与除盐水耗水成本及冲洗水泵或喷淋泵的耗电成本之差最大。

某 600MW 直接空冷亚临界机组制订空冷岛水冲洗系统优化运行方案的原则为：在环境温度、机组负荷稳定工况下计算出汽轮机排汽流量，根据空冷凝汽器性能曲线（见图 2-4），查出对应的设计排汽压力与实际排汽压力进行对比，当实际

背压与设计背压之差大于或等于2.5kPa时投入空冷岛水冲洗,当实际背压与设计背压之差小于或等于1.5kPa可停止。

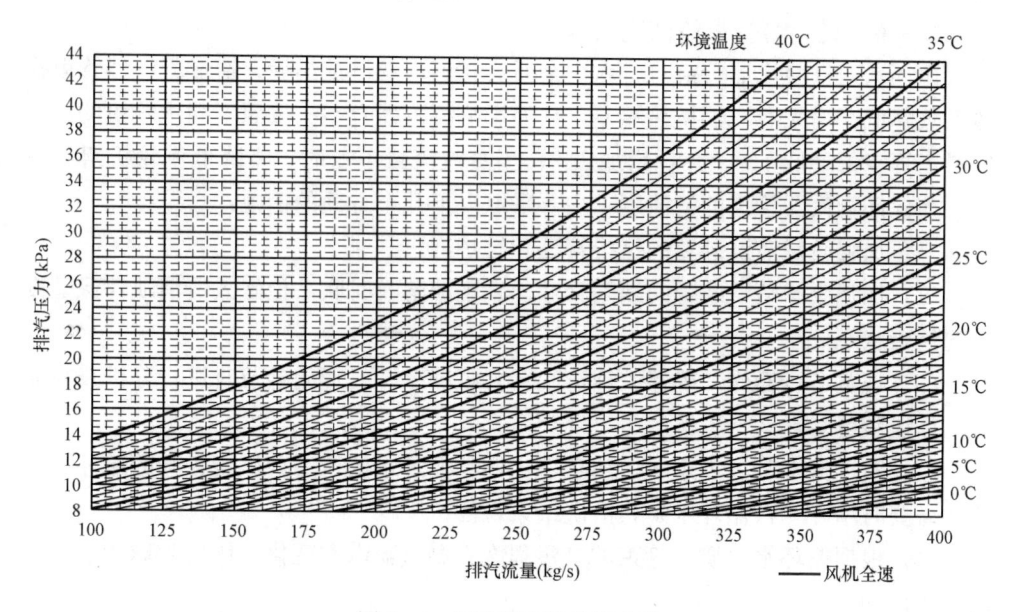

图2-4 空冷凝汽器性能曲线

三、冬季空冷岛的运行优化

空冷机组冬季气温低时,存在空冷凝汽器局部冻结的可能性。冬季运行时,若维持较高的真空,空冷岛的进汽温度降低,进汽量减少,空冷散热器易发生冻结。另外,冬季气温低,空冷凝汽器换热效果好,易导致凝结水过冷度增大、机组回热经济性变差。若为满足空冷岛防冻要求及减小凝结水过冷度而降低真空运行,则会导致机组经济性降低。因此,直接空冷机组冬季经济运行的关键是解决好真空与空冷岛防冻、凝结水过冷度之间的矛盾。

某600MW直接空冷机组采取在满足最基本防冻要求(空冷散热器不发生局部冻结)的情况下,尽量提高机组真空运行的方案。空冷岛冬季运行时,通常情况下维持真空80~83kPa运行,并尽量维持在83kPa附近。每2h就地实测各排散热器的外表面温度,当局部散热器的外表面温度接近0℃时,采取降低对应空冷风机的转速运行、停止该风机运行或逆流风机反转等措施防止散热器冻结。防冻操作量明显增大时,适当在80~83kPa范围内降低真空运行;特殊情况下,如机组负荷低、外界环境温度特别低时,可将真空降至80kPa以下运行。

四、空冷机组检修或停备的合理安排

空冷机组夏季背压高、经济性差,冬季背压低、经济性好,有的空冷机组真空最好月份与最差月份背压差可达到12kPa。因此，夏季安排空冷机组检修或停备，可降低机组经济性差的运行时间，提高机组全年的运行经济性。

2.3.6 凝汽器管束清洁度管理

循环水通过凝汽器管束时，水中杂质会在其内壁沉淀结垢，造成凝汽器管束换热系数降低，增大凝汽器换热端差，从而影响凝汽器真空。按照不同汽轮机的试验资料，真空每降低1%，热耗增加1%，当蒸汽流量不变时，将降低汽轮机组的出力。为保证凝汽器管束的清洁度，主要采取以下几个方面的措施：

一、加强胶球清洗装置的运行管理和维护

（1）加强胶球清洗装置的缺陷管理，发现缺陷及时联系检修人员消缺，保证设备的健康状态。

（2）规范运行操作，确保胶球清洗装置收球率，发现问题及时进行分析查找原因，保证胶球装置运行正常。

（3）胶球清洗装置投运时，注意适当调整循环水的压力，保持合理的循环水流速；必要时增开一台循环水泵，清洗结束再停。

（4）根据循环水水质、管束的脏污程度、凝汽器端差变化，优化胶球清洗装置的投运周期。

实践表明，胶球清洗装置的定期正常投用，能及时清走凝汽器管束内壁污物，使凝汽器管束保持一定的清洁度，对防止结垢起到非常重要的作用。

二、加强对循环水旋转二次滤网的管理

（1）定期对循环水旋转二次滤网进行排污并就地检查滤网旋转情况，保证循环水旋转二次滤网自动排污装置正常运行，确定循环水旋转二次滤网工作是否正常，定期检查滤网前后压差及滤网堵塞情况，发现滤网堵塞应积极消除。

（2）机组大小修启动后，应加强循环水旋转二次滤网自动排污回收器的清理工作。

三、加强对循环水一次滤网的管理

（1）对于闭式循环水系统，应定期对循环水一次滤网进行清理。清理时，先清理第一道箅子，后清理第二道箅子，清理下的杂物应及时运到指定地点。清理一次滤网时，应将箅子缓慢吊起后移到远离水塔进水槽的地方，严禁将箅子吊起后在水槽上方直接清理杂物，以防杂物落入水中造成二次污染。

（2）定期组织人员对水塔区域杂物进行清理，防止杂物随风吹入水塔集水池内。机组大修时进行水塔清理底部淤泥工作，水塔充水前，对塔盆内的清洁及水塔进水槽箅子是否完好进行验收确认。

（3）对于开闭式循环水系统，应定期清理拦污栅，确保旋转滤网冲洗质量。

四、加强对循环水加药的管理

（1）定期对循环水水质进行监督，防止凝汽器管束结垢。

（2）对闭式循环系统，根据化学监督的数据及时进行循环水浓缩倍率的调整。在水塔的加药、取样等工作结束后，不得将废桶和各种器皿遗留在水塔周围，而应及时将其清理到水塔区域以外的指定地点。

2.4 热力系统优化

2.4.1 高、低压加热器运行优化

为了进一步降低机组热耗，提高加热器运行的经济性，需要对机组的高、低压加热器进行综合治理和运行方式、逻辑的优化，达到降低加热器的端差和减少热量损失的目的，提高加热器的效率。

一、高、低压加热器事故放水电动门逻辑优化

高、低压加热器疏水正常运行方式为：高压加热器疏水逐级自流至除氧器，低压加热器疏水逐级自流至凝汽器。各级高、低压加热器事故疏水通过各自的事故疏水电动门、调整门汇流至凝汽器疏水扩容器。由于高、低压加热器事故疏水调整门前后压差较大，阀门不严，存在内漏，高温疏水流入凝汽器，增加了汽轮机的冷源损失，使得机组热耗上升，不利于机组经济运行，因此将高、低压加热器事故放水电动门逻辑改为高、低压加热器水位高时同时联开事故疏水电动门，使得高、低压加热器事故疏水电动门正常处于关闭状态，以减少阀门内漏和汽轮机的冷源损失，提高机组经济性。

二、降低加热器端差

加强对加热器端差的监视，对于存在高、低压加热器端差大的机组，为了提高回热系统的效率，应及时对高、低压加热器基准水位进行调整，运行中控制高、低压加热器水位在正常范围内，降低高、低压加热器端差。

三、监视凝结水、给水各级加热器温升

运行中加强对凝结水、给水系统各级加热器温升的监视，重点分析给水温度，各加热器上端差和下端差的变化，高压加热器三通阀后的温度，抽汽管道压损的变化、高、低压加热器及轴封加热器的水位，除氧器的运行温度、压力以及抽汽管路的压降等。发生异常变化时，及时做好分析调整；机组检修时，加强对阀门的解体检查和阀门研磨工作，防止水侧旁路阀发生短路。

2.4.2 轴封系统运行优化

汽封加热器为表面式热交换器，用于凝结轴封漏汽和门杆漏汽，实现工质和热

量的回收。汽封加热器运行优化需注意以下方面：

由于汽封加热器汽侧的负压是由轴封风机维持的，压力值相对稳定，与凝汽器间的疏水连接多采用水封式，因此，在机组启动前，应利用凝结水对水封体进行注水及冲洗，避免积聚空气或残存淤泥铁锈等，造成疏水不畅。

正常运行中要保持足够的凝结水通过汽封加热器，使汽封回汽及门杆漏汽完全凝结，确保轴封回汽及门杆漏汽畅通。同时要维持汽封加热器合适的水位，水位过低，将使水封疏水中断，影响真空；水位过高，则将淹没轴封风机进气口，使汽封回汽不畅、汽封压力升高、漏汽，造成热量损失，同时轴封汽会进入油系统，导致油质恶化。对于设有水封旁路门的机组，原则上尽量不使用，使用时应注意真空变化。

通过监视轴封加热器进出水温升、疏水温度，及时对轴封加热器水位及负压进行相应调整。

在机组运行中，应优先考虑将轴封溢流蒸汽导入低压加热器。

运行中要重视对轴封风机的检查，定期进行倒换和试验，对轴封风机壳体及排气管道及时放水，防止风机内积水而损坏设备。轴封风机的排气管不宜与其他排气接入一根母管，防止其他排气冷凝水顺管壁流下，造成轴封风机过负荷。凝结水至轴封加热器水封的注水门正常运行过程中应关闭严密，防止凝结水进入轴封加热器，造成水位异常升高。

2.4.3 热力系统阀门内漏管理

热力系统汽、水阀门的内漏（特别是高温高压蒸汽、疏水门的内漏）是各电厂经常存在的一个问题，同时也是影响机组运行经济性的一个重要因素。对于阀门内漏的治理，应建立阀门内漏管理制度，需要运行与检修共同配合，从阀门选型、安装工艺质量、行程调整、运行操作等诸多方面共同实现。

一、阀门内漏的主要影响

（1）阀门内漏将影响系统出力，增加辅机单耗。有的系统（如凝结泵、给水泵等）再循环门内漏，会影响泵的出力。

（2）如果主、再热蒸汽管道的疏水门内漏，运行中就会出现大量的高品质蒸汽漏入疏水箱，大量蒸汽通过扩容器排气管排入大气，不仅影响经济性，而且影响电厂形象。

（3）如果抽汽或本体疏水系统的阀门内漏，将会造成大量蒸汽短路，这部分蒸汽不仅不做功，进入凝汽器还会增加凝汽器的热负荷和冷源损失，使凝汽器真空进一步下降。发电热耗率增加，对热力系统经济性影响很大。

（4）加热器事故疏水门内漏，疏水将会直接进入凝汽器，增加凝汽器负荷和冷源损失，与本体疏水门内漏影响相似。

（5）阀门内漏后，由于小流量长期冲刷阀芯，会使阀门内漏增大，以至于无法控制，必须停机处理。

（6）阀门内漏，可能会对管路弯头或扩容器等造成冲刷，严重时甚至会引起机外管路爆管，造成机组非计划停运。

（7）压力管道容器对外的排空门、放水门、疏水门内漏，将会产生很大的噪声污染，而且可能造成人身伤害。

二、阀门内漏的防治

阀门内漏对机组的经济性影响很大，优化设计、运行操作和设备治理过程中应把握以下原则：

（1）设计安装方面要从细节上重视。例如，热力系统中有许多由液位测点控制的疏水门，一般液位高一值自动开疏水门，高二值保护开疏水门，高二值和高一值信号消失了关疏水门，这些地方是属于运行中比较容易积水的位置。液位计与疏水罐是一个连通器，如果下连通管的疏水罐侧偏高，在疏水门开启后液位计内的水就不容易全部疏走，势必会延长疏水门开启时间，或者使疏水门频繁开启，这样，疏水门就容易被冲刷。所以，设计和安装时，要确保液位计下连通管的疏水罐侧偏低一些，这样只要疏水门开启，液位计内的水就可以及时疏水，疏水门就可以及时关闭，疏水阀冲刷就可以得到一定程度的控制。

（2）在选购疏水阀门时，应选择合格的供应商，并对疏水阀门一定周期内的严密性进行确认。

（3）主、再热蒸汽系统，省煤器，定排疏放水门和主、再热安全门等介质温度超过150℃的疏放水门应加装管壁温度测点，并将阀门管壁温度测点引至DCS系统，监视其温度变化趋势，发现异常及时处理。这样就为检修提供了依据，而且使疏水阀门泄漏状况公开化，便于各级技术人员对疏水阀门的泄漏情况进行监督和管理。

（4）正确操作阀门。手动关闭阀门时必须关严，这样可以避免阀门被冲刷。关闭阀门时禁止用力过猛，不能造成阀门密封面损坏；截止阀要全开或全关，不要在中间位运行；串联阀门应严格按照规定的顺序进行开关，不能随意采用一次门参与节流调节；汽轮机启停过程中，严格按规定的负荷及时开启、关闭疏水阀门，严禁早开、晚关，以免蒸汽过度冲刷而造成疏水阀门损坏。

（5）正确调整阀门行程。电动门、气动门关行程必须到位，一般阀门是通过力矩来确定关位的，一定要精心整定；截止阀应全开或全关，避免在中间位运行，确保阀门可以关严，防止冲刷。

（6）运行中加强阀门内漏情况的监视。阀门如果不严，要及时处理。

（7）尽可能避免阀门在小开度情况下长时间运行。阀门在小开度时两侧压差极大，阀芯处介质流速非常大，对阀芯的冲刷也最严重。

（8）当电动或气动疏水阀内漏时，应考虑将与其串联的手动止回阀门关闭，避免长时间冲刷。

（9）机组启动后应对需关闭的阀门进行一次全面检查。对管壁温度测点或红外线测温仪测得的阀体温度进行分析。

（10）机组停机检修时，加强对疏水阀门的检查、维护，加大阀门密封面的研磨治理；对于密封面磨损过大的阀门，及时进行更换。

三、阀门内漏的判断

从理论上讲，如果阀门严密，阀体及阀后温度基本上可以降至环境温度，因此可以通过阀门前后温度的差值来判断阀门的内漏情况。但生产现场有些管道布置复杂、保温完善，要想准确测量阀门前后温度比较困难，目前较好的办法是在阀门后加装温度测点或使用红外线测温仪测量阀体的温度。

根据不同压力等级阀门的泄漏量试验情况，考虑金属的传导和散热，用红外线测量阀体温度（阀体的最高温度）。判断阀门内漏的一般经验如下：以环境温度25℃为标准，阀体温度≥150℃属于严重内漏；阀体温度≥80℃属于一般内漏；阀体温度≥50℃属于渗漏。

对于阀后安装温度测点的阀门，门后温度高于50℃即可认为内漏；高于80℃即可认为较严重泄漏，需要治理。

四、阀门内漏的治理

阀门内漏的治理工作是一项十分复杂的工作，需根据不同的泄漏程度和原因采取对应的治理方法。

2.4.4 疏、放水系统运行优化

一、连续排污扩容器的运行优化

（1）合理调整锅炉炉水加药量和排污量，保证炉水各项水汽指标均在指标规定范围内，锅炉连续排污量应不少于锅炉蒸发量的0.3%。

（2）为了确保炉水水质稳定，炉水加药方式应为连续计量加药。

（3）对锅炉连排的疏水系统进行改造，疏水经连排采暖加热器对厂区水暖系统进行加热，同时作为水暖系统的补充水，使锅炉连排的疏水全部得到回收利用。

二、定排放水系统的运行优化

亚临界锅炉一般配有定期排污系统。定排扩容器饱和水排至定排水池，蒸汽排入大气。锅炉定期排污系统接自锅炉底部下联箱，直接排入定排扩容器。同时接入

定排扩容器的还有汽轮机侧有压放水等疏放水。定排扩容器长年排水、排汽，其水量和热量的损失不容低估，同时长期排汽也对现场作业环境有影响；如能回收，其经济效益是可观的，也可使作业环境得到改善。

回收方案分两部分，即定排扩容器排汽的回收和定排水池水的回收。将生水喷入锅炉定排扩容器，可达到回收蒸汽和降温的目的。将定排水池的水通过泵输送至化学生水池，供化学制水用。冬季生水被定排水加热后，可减少生水加热器的用汽量。

三、辅助蒸汽系统疏水回收

对于辅助蒸汽系统疏水设计有两路的机组，机组启停机时，将辅助蒸汽系统疏水倒至定排，机组正常运行后及时将其回收。

2.5 燃烧、烟风系统优化

锅炉燃烧优化调整的目的，是在保证锅炉设备安全，满足汽轮机对锅炉参数要求的前提下，合理调整各层燃烧器的出力和一、二次风配比，使其有合理的风煤比，以达到炉膛热负荷均匀、火焰不偏斜、炉膛不结焦、出口烟温偏差小的目的，实现锅炉安全、经济运行。

2.5.1 不同煤种燃烧方式调整优化

在锅炉运行中，燃烧煤种变化对机组运行安全性、经济性有着很大影响。DL5000—2000《火力发电厂设计技术规程》中要求锅炉设备的选型和技术要求应符合 SD 268—1988《燃煤电站锅炉技术条件》的规定。锅炉设备的型式必须适应燃用煤种的煤质特性及现行规定中的煤质允许变化范围。对燃煤及其灰分应进行物理、化学试验与分析，以取得煤质的常规特性数据和非常规特性数据。

但是，目前大多数电厂燃用煤种多变，有的甚至较大偏离了锅炉设计煤种，给锅炉运行造成很大影响。这就要求在运行操作上，根据不同煤种变化及时进行正确、恰当的调整，保证锅炉安全、经济运行。

一、根据煤质情况选择合适的风煤比

根据入炉煤的煤质及燃烧情况，运行中合理选择风煤比。风煤比要结合干燥无灰基挥发分与发热量的数据，并根据燃烧调整试验结果进行选择。对于高挥发分煤种，着火不宜太近，为避免燃烧器喷口结焦而影响射流角度及保护燃烧器喷嘴不致烧坏，运行中应保持较高的一次风速，即保持相对较高的风煤比；而对挥发分较低的煤种，对着火点的温度要求高，燃烧器喷口着火距离远。所以，运行中应适当降低一次风量，提高磨煤机一次风粉浓度，同时尽量提高磨煤机出口温度，降低煤粉

着火热，以利于煤粉燃烧。

二、根据煤质情况选择合适的煤粉细度

煤粉细度的选择应根据锅炉燃烧，受热面是否存在结焦、超温、飞灰等情况进行综合判断。对于高挥发分煤种，由于着火温度低，着火点比较靠前，煤粉在炉膛内燃烧行程长，可以适当降低煤粉细度，以降低磨煤机单耗；对于挥发分较低的煤种，由于煤粉燃烧稳定性及经济性下降，为保证煤能尽快着火、充分燃尽，可以适当提高煤粉细度。通过提高煤粉细度，使单位质量的煤粉表面积增大，加热升温、挥发分的析出着火及燃烧反应速度增快，着火迅速；同时随着煤粉细度的提高，煤粉燃尽所需时间越短，燃烧越彻底，飞灰可燃物含量越小，锅炉燃烧经济性也就越高。总之，煤粉细度的控制原则是，在着火稳定、炉底渣与飞灰可燃物未明显升高，过热器、再热器未超温的前提下，煤粉细度可适当放大。

2.5.2 配风方式优化

优化锅炉燃烧配风，主要是为了在保证维持较高的锅炉效率、较低的 NO_x 排放量以及减轻锅炉结焦对锅炉造成的危害的前提下尽量降低风机单耗等。

一、锅炉送风量的调整控制

机组运行过程中，根据锅炉负荷、燃料性质以及配风工况等因素通过试验确定合理的氧量控制曲线，并严格按照控制曲线进行燃烧调整。当煤质、设备状态有明显变化时，必须通过燃烧调整试验对氧量曲线进行修正。为提高锅炉在低负荷时的运行经济性，低负荷时的风量调节应在满足燃烧稳定的前提下尽量控制锅炉风量不至于过大。

二、锅炉配风方式优化

锅炉配风方式应根据燃料特性、炉膛结构、燃烧策略来确定。

（1）对于切圆燃烧锅炉，在进行锅炉配风调整时一般应遵循以下原则：

燃用贫煤、无烟煤等着火与燃尽特性不好的煤种时，建议采用分级配风，即倒塔型配风方式，二次风自下而上逐渐给入。挥发分较低的煤种燃烧困难的关键是其着火点温度要求高，燃烧器喷口着火距离远。通过适当降低磨煤机一次风速来提高磨煤机一次风粉浓度；通过提高磨煤机出口温度来提高燃烧器出口火焰根部的温度及降低煤粉着火热，同时使扩散角增大，回流热量增大，尽可能使喷口着火距离近一些，以利于煤粉燃烧。调整磨煤机分离器挡板，提高煤粉细度。同时，在二次风量的配备上应采用倒塔型的配风原则，目的是提高炉膛下部温度，对引燃煤粉创造良好的条件，同时降低火焰中心假想切圆涡流区域的高度，以延长煤粉在炉膛中停留的时间。中层二次风量应比使用高挥发分烟煤的开度要大一些，作用一是补充氧量，因为下层二次风开度较小；二是延缓下层煤粉向上运动的时间。上层二次风应开大些，因为在燃烧区域随烟气向上运动，烟气温度逐渐升高，火焰中心一般均在燃烧器上方附近，并且在此区域下层煤粉已基本着火，加上挥发分较小的煤种，一般来讲含碳量都比较高，为配合加强燃烧强度，此区域所需要的空气量较大，所以应开大一些；同时，加大上层二次风量可以弥补氧量的不足，因为下层二次风开度小，中层二次风虽然开度较大，但总的风量也不大；加大上层二次风对火焰也有下压的效果，可防止挥发分较小的煤种因着火晚而造成火焰中心升高、汽温偏高的现象，同时还可减少减温水的使用量，有利于降低飞灰、排烟损失，提高经济效益。这种调整方法，由于降低了一次风速的同时，燃烧器喷嘴以后的射流卷吸能力有所下降，对切圆的穿透性也有所下降，因而切圆中心的低压涡流区的直径增大，二次风速增加，增大了横向运动旋流速度，炉膛有效空间的利用率比使用烟煤时高，煤粉可在二次风形成的强烈的横向运动中与空气得以良好的混合，吸收高温辐射热量来促使和加强其燃烧的化学反应，使其尽可能地燃尽。

燃用烟煤等燃烧特性一般的煤种时，可采用均匀配风方式，各层燃烧器给予均匀的二次风量。由于烟煤的挥发分较高，着火不宜太近，为避免燃烧器喷口结焦而影响射流角度及保护燃烧器喷嘴不致烧坏，运行中应保持较高的一次风速。一次风速增加，使射流刚性加强，增加了其出口后卷吸炉膛高温辐射热的能力，同时为其着火后保证挥发分及含碳量烧尽创造了良好的与空气混合的条件。随着一次风速的增加，加强了一次风中的风粉混合物对假想切圆中心低压涡流区域的穿透性，从而使中心保持较高的温度。另外，在控制一次风速和风量时，还应考虑到运行负荷的大小，不能一味地强调煤种的挥发分而忽视负荷率，否则在负荷较小时，正常的风粉比例被破坏也会产生一些如燃烧不稳、飞灰增大的问题。上下层各燃烧器还应根据投入燃料量的不同、输粉管的长度及弯头损失的大小维持合适的一次风量和风压，从而使燃烧中心相对地集中在正确的位置。

同时，燃用燃烧特性一般的烟煤时，在低负荷燃烧不稳或者有轻微结焦的情况下，可以采用缩腰型配风方式，将上层和下层的二次风挡板开大，中部二次风挡板关小。采取缩腰型配风方式可加强煤粉的着火，提高燃烧的稳定性和经济性，同时也可改善炉膛结焦，原因在于中部二次风处于两个一次风气流的中间，当其动量较小时，一次风气流对其的卷吸量较小，负压也较小，因此从上角来的主气流所造成的冲击力也较小，不会使中部的一次风气流严重偏转而引起结渣。

燃用无结渣性的优质烟煤等燃烧特性较好的煤种时，可采用正塔型配风方式，下层燃烧器二次风大，以降低火焰中心；燃用易结渣的烟煤等燃烧特性较好的煤种时，可采用缩腰型配风方式，将燃烧区分为两部分，以降低燃烧区热负荷。

（2）对于前后对冲燃烧锅炉，在进行配风调整时一般应遵循以下原则：

对于挥发分偏低的煤种，煤粉所需着火热大、不易着火且着火距离远，因此应提高燃烧器旋流强度，将燃烧器旋流器推到最大，同时适当调小燃烧器中心风量或者关闭中心风，提高燃烧器根部温度，保证煤粉正常燃烧。

对于高挥发分煤种，可以尽量降低燃烧器旋流强度，开大燃烧器内二次风挡板开度，以降低通风阻力；尽量提高燃烧器中心风量，以达到降低燃烧器喷口温度、防止燃烧器喷口烧损和结焦的目的。由于挥发分高，故着火温度较低。一次风粉射流进入炉膛的瞬间已经剧烈燃烧，虽然外二次风包裹着内二次风，内二次风包裹着一次风粉射流，但由于这三股射流都存在一定的旋流，所以三者之间的扰动是很大的。一次风粉在扰动下很容易在燃烧器喷口射流根部与外二次风产生剧烈混合燃烧，从而使火炬射流根部温度很高，加剧了燃烧器喷口结焦或容易将燃烧器烧损。所以，针对高挥发分煤种，应将燃烧器旋流强度降低，尽量推迟煤粉着火，如哈尔滨锅炉厂生产的 LNASB 旋流燃烧器，由于外二次风的旋流强度不能更改，因此燃烧器喷口火炬射流的扩展角不能改变，回流强度也不能改变，而内二次风的旋流强度及风量是可以调整的，因此对燃烧器旋流强度的调整主要是调整内二次风旋流强度及内外二次风的比例。开大内二次风门的同时关小旋流器能够降低燃烧器喷口根部温度，其原因是，在将燃烧器旋流器全部拉出的情况下，内二次风的旋流强度小于外二次风的旋流强度，近似于直流的内二次风将一次风粉与高温的外二次风的混合速度减慢，延长了两者的混合距离，减缓了着火，从而降低了燃烧器根部温度。旋流燃烧器中心风风门设计有一个电磁阀，该阀只能开或关，中间没有限位，中心风量的大小会影响到火焰中心的温度和煤粉着火点至燃烧器喷口的距离。当中心风全关时，有可能烧损燃烧器喷口。如果中心风为直流风，提高中心风量后，燃烧器火焰回流区变小并后退，能将燃烧器喷口附近火焰温度降低，防止燃烧器喷口结焦和烧坏燃烧器喷口。如果中心风为旋流式，则随着中心风风量过大时，中心风射流的扩展角变大，射流强度变大，这样直接影响一次风粉射流的扩展角，进而会影响到整个火炬射流的扩展角，使其变大。另外，当中心风风量较大时，会加剧一次风粉与二次风混合，加剧燃烧，使燃烧器喷口射流根部温度升高，结焦加剧。所以，针对中心风为旋流式的燃烧器，应合理调整中心风量，保证燃烧器喷口合适的着火距离。由于中心风一般为全开全关型，不具有可调整性，因此可以在中心风挡板上加限位块来加以控制。

对于前后对冲燃烧方式的锅炉，一般前、后墙分别对称布置三层燃烧器，并在前、后墙的最上方布置一层燃尽风（OFA），机组运行时的配风方式一般也可分为以下几种：束腰型配风方式，维持上、下层二次风量比中间层大；均等配风，维持上、中、下三层燃烧器风量基本一致；正宝塔型配风，上、中、下三层燃烧器风量逐渐增加；倒宝塔型配风，维持上、中、下三层燃烧器风量逐渐减少。某电厂600MW 超临界机组前后对冲直流锅炉在采取以上几种配风方式时锅炉效率、NO_x 排放的变化趋势是：在采取倒宝塔型配风方式时，锅炉效率最低，但是 NO_x 排放也是最低的，在综合锅炉效率与 NO_x 排放量来看，采取束腰型配风方式能够达到较高的锅炉效率和较低的 NO_x 排放量。

三、锅炉一、二次风配风优化

锅炉燃烧调整时，一、二次风应合理分配：一次风量以能满足挥发分的燃烧为原则。一次风量和风速提高都对着火不利。一次风量增加，将使煤粉气流加热到着火温度所需的热量增多，着火点推迟。一次风速高，着火点靠后；一次风速过低，会造成一次风管堵塞，而且着火点过于靠前，还可能使喷燃器周围结焦，甚至烧坏喷燃器。一次风温高，煤粉气流达到着火点所需的热量少，着火点提前。二次风混入一次风的时间要合适。如果在着火前就混入，等于增加了一次风量，使着火点延迟；如果二次风过迟混入，又会使着火后的燃烧缺氧。所以，着火后二次风应及时混入。二次风瞬间全部混入一次风对燃烧也是不利的，因为二次风的温度远远低于火焰温度，大量低温的二次风混入会降低火焰温度，使燃烧速度减慢，甚至造成灭火。二次风最好能按燃烧区域的需要及时送入，做到燃烧不缺氧，又不会降低火焰温度，这样燃烧才能完全。同时，在氧量不变、总风量不变的前提下，应尽可能降低一次风量（必须满足送粉需求，防止磨煤机或者输粉管堵塞），增加二次风量，不仅有利于着火，也可节省厂用电。

(1) 在进行燃烧配风调整时，应根据燃料情况总体考虑一次风率。燃用无烟煤、贫煤以及劣质烟煤等着火燃尽特性差的燃料时，需要降低一次风率；反之燃用着火燃尽特性好的燃料，需要提高一次风率。

(2) 旋流燃烧器内外二次风的配比、旋流强度调整等，应综合考虑飞灰可燃物、炉底渣可燃物以及排烟温度等因素。

(3) 对于易结焦煤种，通过合理的燃烧调整保证火焰居中、不扫墙贴壁、不飞边、不对冲，水冷壁附近必须保证非还原性气氛。切圆燃烧锅炉可以通过调整周界风来防止锅炉结渣。

(4) 为防止锅炉发生高温腐蚀，应尽量减少油煤混烧的时间（特别是重油点火锅炉）；对于含硫量高且灰成分中 Na_2O、K_2O 等碱性物质较多的煤种，燃烧高温区水冷壁附近应保证弱氧化性气氛，同时对流受热面要加强吹灰。

四、减少锅炉的无效配风

锅炉的无效配风没有有效地参与燃烧，在一定程度上降低了炉膛温度，减弱了炉膛燃烧，影响锅炉的整体效率。炉底漏风（含干渣系统冷却风）、炉膛与烟道的漏风、磨煤机出口温度控制冷风、备用磨煤机的通风及燃烧器的冷却风、磨煤机密封风、负压制粉系统漏风等都是无效配风，在机组运行中都要尽量避免这些配风的出现。对于干除渣系统，除了要保持干除渣系统的小水封密封良好外，还要控制合理的冷却风，并根据渣温的变化，及时进行冷却风量的调整。

2.5.3 锅炉吹灰系统运行优化

锅炉受热面污染是严重影响锅炉出力和锅炉效率的主要原因。目前，大型发电机组锅炉主要通过吹灰清除锅炉的积灰和结焦，保证受热面清洁。常用的吹灰器一般有蒸汽吹灰器、水力吹灰器、压缩空气吹灰器、声波吹灰器、钢珠吹灰器和气脉冲吹灰器，目前大部分采用蒸汽吹灰器。吹灰器投入率不得低于98%。

吹灰频次是进行吹灰优化的一个重要方面。如果不及时吹灰，将使得受热面表面温度升高，或高温腐蚀受热面受到污染而导致锅炉效率降低；如果吹灰过于频繁，虽然保证了受热面的清洁，但吹灰器蒸汽消耗量也将大大增加。此外，过吹会破坏管壁外的氧化膜保护层，使得磨损加重、管壁减薄。

优化吹灰建议遵循以下原则：
(1) 再热减温水量最小。
(2) 尽量采用低参数蒸汽，提高机组效率。
(3) 排烟温度最低。
(4) 受热面壁温不超标。
(5) 部分受热面积灰较轻，可以不进行吹灰。

2.6 辅助系统方式优化

辅助系统主要包括脱硫、脱硝、输煤、电除尘、除灰、除渣和化学水等系统。目前大型火电机组的辅助系统厂用电率已达到1.2%以上，且大部分生产材料消耗均集中在辅助系统。如何在满足生产实际需要和环保要求的前提下，降低辅助系统厂用电率，减少生产材料的消耗和使用，是辅助系统运行方式优化的重点。

2.6.1 脱硫系统运行优化

目前火电厂已安装投运的烟气脱硫装置多采用石灰石—石膏湿法烟气脱硫技术。脱硫系统的节能降耗主要有三个方面：一是降低厂用电率；二是降低石灰石等物耗量；三是节约工艺用水。根据生产实际，可以通过制定运行优化策略、改进运行方式，达到节能降耗的目的。

脱硫装置运行具有两个特点：一是运行成本随运行工况（脱硫效率）的变化而变化；二是经济效益和环保效益在一定程度上相互制约。如增加浆液循环泵投运的台数或增加石灰石浆液的供给虽可以提高脱硫效率,但脱硫系统的电耗和石灰石等的消耗量也会明显增大。脱硫装置的运行成本主要包括电费、石灰石费用、水费和其他(添加剂、消泡剂等)费用。其中,电费、石灰石费用、水费与运行工况紧密相关。此外,脱硫装置的运行方式还受 SO_2 的排污缴费和脱硫副产物的销售收入的影响。脱硫系统运行优化的策略,就是在满足当地环保要求的前提下,针对脱硫负荷、燃料硫分变化,策划最优方式,使脱硫运行成本达到最低。

一、脱硫装置吸收系统的运行优化

脱硫装置吸收系统运行优化的内容有:浆液循环泵的运行优化,吸收塔浆液 pH 值、密度的运行优化,氧化风量的运行优化,吸收塔液位的运行优化,石灰石粒径的运行优化等。

(1)浆液循环泵的运行优化。吸收塔浆液循环泵是脱硫系统较大的耗电设备。在保证 SO_2 达标排放和满足脱硫边际效率的前提下,当负荷工况和脱硫装置入口烟气 SO_2 浓度不同时,通过试验确定最经济的循环泵及喷淋层的运行组合方式。

某 660MW 超临界机组脱硫系统的设计硫分为 1%,三台浆液循环泵的功率分别是 1250、1120、1000kW,每天的耗电量分别是 2.2 万、2.1 万、1.9 万 kWh。当吸收塔入口 SO_2 浓度为 $900mg/m^3$、负荷为 660MW 时,停运中间喷淋层浆液循环泵前后的脱硫效率分别是 96%、95.2%,故停运中间喷淋层浆液循环泵是切实可行的;当吸收塔入口 SO_2 浓度为 $1400mg/m^3$、负荷为 660MW 时,停运下层喷淋层浆液循环泵前后的脱硫效率分别是 95.5%~96%、94.5%~95.2%,出口 SO_2 浓度为 $70\sim80mg/m^3$,故停运下层喷淋层浆液循环泵是切实可行的。

某 600MW 超临界机组脱硫系统的设计硫分为 0.6%,三台浆液循环泵功率分别是 800、710、630kW,每天的耗电量分别是 1.6 万、1.4 万、1.3 万 kWh。当吸收塔入口 SO_2 浓度为 $800mg/m^3$、负荷为 400MW 时,停运中间喷淋层浆液循环泵前后的脱硫效率分别是 95.6%~97%、94.5%~95.2%,故停运中间喷淋层浆液循环泵是切实可行的;当吸收塔入口 SO_2 浓度为 $650mg/m^3$、负荷为 600MW 时,停运中间喷淋层浆液循环泵前后的脱硫效率分别是 95.8%~97.5%、94%~95.1%,出口 SO_2 浓度为 $30\sim40mg/m^3$,故停运中间循环泵是切实可行的。

机组运行过程中,向吸收塔中加入脱硫添加剂,既能保证脱硫效率合格,又能实现停运一台循环泵的节能效果。某电厂 600MW 超临界 3、4 号机组脱硫浆液系统在使用脱硫添加剂后,在不同负荷工况和燃煤硫分条件下,停运 D 泵后,采用 A、B、C 泵运行组合时,脱硫效率仍大于 95%。停运 D 泵每年可节省厂用电成本 586 万元,而新增添加剂成本 246.4 万元,全年累计节省 262.8 万元。如再考虑检修费用的节约及停运两台循环泵方式的节电效益,每年可产生 500 万元以上的效益。

（2）吸收塔浆液 pH 值、密度的运行优化。吸收塔浆液 pH 值越高，脱硫效率就越高，但相应增大了钙硫比，增加了石灰石耗量和石灰石成本，减少了 SO_2 排污量，增加了石膏产量。所以，相对成本具有一个最佳点。通常，吸收塔浆液 pH 值调整范围是 5.4~5.8。当 pH 值低于 4.2 时，会对设备造成腐蚀，脱硫效率降低；当 pH 值高于 5.8 时，脱硫效率基本上不再增加，石灰石利用率降低，石灰石用量增加，且易引起除雾器严重结垢；当 pH 值在 5.4~5.8 范围时，脱硫效率保持在设计范围，钙硫比保持在 1.03~1.05。通过试验确定最佳的 pH 值，在保证脱硫效率的前提下，降低石膏中碳酸钙含量，减少石灰石损耗。

吸收塔浆液密度一般控制在 1070~1130kg/m^3。当吸收塔浆液密度达 1120kg/m^3 时，应开始排石膏；当密度降至 1070kg/m^3 时，应停止排石膏。当吸收塔浆液密度高于 1150kg/m^3 时，管道和设备磨损增大，旋流器和管道容易堵塞，浆液循环泵和搅拌器电流增大，电耗增加。当密度继续增大时，将造成石膏脱水困难甚至吸收塔浆液失效。当吸收塔浆液密度低于 1040kg/m^3 时，脱硫效率降低。

脱硫效率与吸收塔浆液 pH 值和密度紧密相关。当 pH 值已达 5.8、密度为 1110~1130kg/m^3 时，若脱硫效率开始较低，则不应再继续增加石灰石浆液的供浆量，而应检查烟气旁路挡板是否严密，密封风机运行状况，吸收塔入口 SO_2 浓度是否超标，吸收塔浆液循环泵电流、入口压力是否正常。否则，应考虑检查原烟气、净烟气在线监测装置显示数据是否有误，必要时用便携式烟气监测仪与在线数据比对或进行标定。

（3）氧化风量和吸收塔液位的运行优化及石灰石粒径的运行优化等一系列措施，均可通过试验确定其最佳经济运行方式。

（4）根据脱硫装置不同的运行工况，兼顾各种因素的组合，分清主辅、合理取舍，通过运行优化试验，确定浆液循环泵的最佳组合方式，确定最佳 pH 值，实现脱硫装置的节能运行。

二、脱硫装置烟气系统的运行优化

烟气系统优化运行的核心有三个方面：一是降低烟气系统的阻力；二是优化风机运行；三是降低脱硫系统的水耗。

脱硫装置烟气系统的阻力主要来自除雾器的堵塞和结垢。除雾器堵塞结垢的原因很多，但主要原因是冲洗效果差和水平衡被破坏。水平衡破坏主要发生在低负荷情况下，此时应注意采取措施，保证水平衡。从防止除雾器结垢的角度讲，应采取三项措施：第一，密切监视除雾器差压不超过设计值；第二，保证冲洗水压力和流量正常；第三，系统尽量运行在较高负荷下。除雾器的不间断连续冲洗影响系统水平衡和塔内浆液密度，并且会增大烟气蒸发水量。典型的冲洗间隔不应超过2h。除雾器冲洗管道及阀门一般有上、中、下三层，下层和中层应加强冲洗。依据吸收塔液位和机组负荷适当调整冲洗间隔，从而确保除雾器清洁、减小系统阻力，减少运行操作，维持脱硫系统水平衡。脱硫装置系统补水主要通过除雾器冲洗水来实现，但要防止工艺水中杂物堵塞喷嘴，以防大量补水通过其他途径进入系统，使系统水平衡被破坏，影响除雾器的冲洗，导致除雾器结垢堵塞，甚至引起坍塌。为了保持脱硫系统水平衡，运行中应注意控制好工艺水水质，防止不合格废水回用；加强除雾器冲洗水的压力与流量监测，以防止因阀门内漏造成冲洗压力不足及除雾器冲洗次数减少现象的发生。

控制轴封水量，最大限度地利用滤液水来制浆；防止外来水（如雨水、清洁用水）进入系统，造成吸收塔高液位。

每次停机后需检查除雾器，清理堵塞。

三、脱硫装置公用系统的运行优化

公用系统运行的电耗占脱硫系统电耗的比例低，但仍有潜力可挖。系统优化的方向主要是增加设备出力，减少公用系统的运行时间。应在满足工艺要求的条件下，尽可能提高石灰石磨机、真空皮带脱水机等的出力。

为提高球磨机的出力，可采取的措施有：调整球磨机内钢球装载量和大小钢球配比；调整石灰石旋流器压力；调整石灰石旋流子投入个数；调整石灰石旋流子底流沉沙嘴尺寸；调整制浆系统研磨水与稀释水流量，控制石灰石浆液密度，防止密度高磨损设备，增加浆液循环泵电耗。

加强入厂石灰石品质的监督，保证石灰石粒径、活性、水分和杂质等在合格范围内，提高制浆系统有效出力。

为提高真空皮带机的出力，可采取的措施有：调整脱水系统的供浆量；调整石膏旋流子投入个数；调整石膏旋流子底流沉沙嘴尺寸；调整石膏旋流器压力；调整脱水皮带机转速与石膏厚度；根据吸收塔浆液密度控制好真空脱水系统启停等。

影响脱硫装置稳定运行的常见问题有：对高硫煤的适应性差、吸收塔起泡溢流、腐蚀、磨损、结垢、堵塞、石膏品质差、废水处理系统不能正常运行等。为确保脱硫装置稳定运行，应注意以下几个方面：

（1）重视日常培训工作，定期开展运行日报和参数分析，同时建立脱硫化学监督和分析制度。通过化学监测分析，了解和优化脱硫装置性能，鉴别和查找运行过程中出现的问题。

（2）加强石灰石或石灰石粉料的质量监督。吸收剂的特性指标对脱硫效率、石灰石的耗用量、石膏副产品的质量以及对设备的磨损等具有较大的影响。另外，通过控制石灰石来料中的泥土、树根、草木等杂质，可以有效避免脱硫制浆系统或浆液输送系统的堵塞，提高设备的运行可靠性。

（3）加强锅炉燃烧调整和电除尘器的运行调整，确保进入脱硫系统的烟气参数在设计范围内。

2.6.2 脱硝系统运行优化

目前，大型火力发电厂已安装投运的烟气脱硝装置多采用 SCR 脱硝技术。SCR 脱硝装置的运行优化主要有以下几个方面：

（1）要求 SCR 脱硝系统投运必须与锅炉燃烧调节紧密配合，用较少的喷氨量达到 NO_x 排放标准。

（2）SCR 脱硝系统催化剂的吹灰系统必须按规定投运，防止催化剂堵塞。

（3）SCR 脱硝系统投运期间必须检测氨逃逸率，通常小于 3ppm；同时，锅炉空气预热器应定期吹灰，防止烟气中的少量硫酸氢氨在换热片上沉积而堵塞空气预热器。

（4）装有 SCR 脱硝系统的锅炉应考虑加装空气预热器水冲洗装置。

（5）卸氨开始时，应靠液氨车和液氨罐差压卸氨，减少卸氨空气压缩机的运行时间。

（6）液氨蒸发器冷凝水与氨罐区喷淋水应回收利用。

（7）液氨系统凡带有一定危险性的操作均应就地完成，而且派人操作监护。在运行调整策略上，要坚持安全为主、脱硝效率第二的原则。若氨逃逸表没有装设，在负荷变化时，氨用量最佳值以 NO_x 不再降为止的基础上，适当降低氨供给量。

2.6.3 电除尘系统运行优化

目前大机组普遍采用静电除尘器进行烟气除尘。电除尘系统的优化运行要在保证电除尘器除尘效率满足环保要求的基础上，及时调整电除尘器运行参数，降低除尘单耗。

电除尘器采用智能化控制系统，电源采用高频开关电源，可以达到节电和高效的目的。但在实际运行中要注意对充电强度的调整，以便达到预期的效果。高频电源设备在国内电除尘器节能改造中一般应用于一电场，常规供电方式为单一分区供电，也有电厂采用高频电源在多分区供电，改造后取得了显著的成效。

对于采用湿法脱硫的机组，在保证脱硫稳定运行且烟尘排放达标的前提下，可适当降低电除尘电压和电流，达到节电的目的。

锅炉定期吹灰，防止锅炉结焦引起排烟温度上升。进入电除尘器的烟温高对电除尘器的运行性能有较大影响：一方面，烟温上升，烟气体积增加，使电场风速提高，除尘效率降低；另一方面，烟温增加，会使火花电压下降，对除尘不利。

治理锅炉漏风、空气预热器漏风及电除尘本体的漏风，减少电除尘烟气量，提高电除尘效率。容量大于或等于300MW的机组的电除尘器漏风率不应大于3%。

根据环境温度和机组负荷变化，及时调整电除尘器灰斗电加热器。

定期检查电除尘振打器，确保振打力度和均匀性；合理确定振打周期，防止极板积灰，避免二次扬尘。也可根据电除尘器出口烟气浊度，随负荷和燃煤灰分的高低变化及时调整电除尘器控制参数，调整低负荷阴、阳极振打时间，阳极振打时采用降压振打，可有效降低电除尘器的电耗。

定期进行电除尘器性能试验和气流分布均匀性试验。

2.6.4 输煤系统及混配煤运行优化

输煤系统运行方式优化应重点考虑两个方面：一是提高系统平均出力，缩短系统运行时间，减少系统启停次数；二是合理混配入炉煤，保证入炉煤质满足机组运行要求。

一、输煤运行方式优化

（1）完善输煤系统各设备启停联锁逻辑，减少皮带空载运行时间。

（2）在燃烧配煤的同时，宜采取分流接卸煤直接入炉措施，降低输煤单耗。

（3）根据现场环境湿度、温度和粉尘浓度，合理使用电除尘风机。

（4）合理调整输煤系统运行方式，控制皮带出力在额定值范围内运行，减少系统撒煤、堵煤。燃煤船运清理系统的撒煤作业宜安排在皮带正常工作时，以减少系统空载运行时间。

（5）对船煤电厂，应合理安排各船舱的作业顺序和清舱时间，以缩短卸船作业时间。煤码头只装有两台卸船机时，应启动一路皮带系统，另一路为备用；当锅炉原煤斗上煤时，由卸煤斗轮机分流直接入炉，另一台斗轮机参与入炉煤的混配。装有三台卸船机时，三台应同时作业，一路皮带运行，另一路为备用，并控制好皮带出力，防止煤头堵煤跑煤；当原煤斗上煤时，由卸煤斗轮机分流直接入炉，另一台斗轮机参与入炉煤的混配。

（6）堆取煤作业时，保证皮带接近额定出力。合理安排设备定期试验，减少设备及皮带不必要的空转。根据全厂负荷情况和煤仓煤位，合理调整每天的上煤次数，降低输煤单耗。

（7）输煤系统冲洗水回收系统应正常投运，煤水处理设备正常投运，确保排污水和沉积煤泥再利用。

二、混配煤运行方式优化

一般火电厂煤种较多，煤质不稳定，为保证锅炉稳定、经济运行，输煤系统运行要考虑经济的混配方式。目前火电厂经常使用的混配煤方法有：

（1）分仓混配法。不同煤种上至指定煤仓，通过调整各煤种磨煤机运行台数和出力进行炉内掺烧。此种混配方法的优点是易于控制，煤质稳定；缺点是锅炉单台制粉系统的煤质得不到改善，高挥发分煤种的制粉系统容易发生自燃。

（2）两台斗轮机同时取料法。两台斗轮机分别调整取料厚度和深度，按规定出力范围同时取料，最后在同一条皮带上混配入炉。此种混配方法的优点是锅炉单台制粉系统的工况能够得到改善；缺点是混配不均匀，煤质不稳定，对磨煤机调整影响较大，输煤系统有超载隐患。

（3）变频调节法。利用变频器调整不同煤种给料机的出力，最后在同一条皮带上混配入炉，达到调整配比的目的。此种方法的优点是可操作性强，煤质稳定；缺点是受来煤煤种、数量和时间的制约。

（4）煤场混堆法。用斗轮机堆煤时，不同的煤种可一层一层地混合堆放，汽车进煤时，不同的煤种可间隔混卸，再用推煤机混匀。此种方法的优点是混配煤质稳定，不影响输煤系统正常运行方式和出力；缺点是可操作性差，受煤场场地、来煤煤种、数量、时间间隔的制约。

2.6.5 水处理系统运行优化

锅炉补给水处理系统更多采用超滤—反渗透工艺，超滤膜的污染防控是保证膜法水处理系统安全、经济运行的重要环节。优化补给水系统运行方式，确保各种化学废水的回收利用是化学节能工作的重点。

一、膜法水处理工艺系统的运行优化

膜污染防控，可通过以下措施改善膜运行状况：

（1）微生物防控，要尽量做到全系统布控和高效实施。具体做法有：定期对箱（池）体设备进行排污、清淤处理；杀菌剂加药点尽量前移（可设在原水箱出口或入口），防止微生物在系统内继续繁衍滋生；根据膜设备运行状况，定期对膜元件（超滤膜、反渗透膜）进行在线或离线清洗等。

（2）根据水质条件，合理调整阻垢、杀菌加药剂量，必要时可通过增加反渗透浓水、超滤错流水排放量，减少高污染水质对膜元件的污染。

（3）把好膜系统进水质量关，禁止不合格水进入系统。

（4）合理调整膜系统运行参数（进水温度、压力、流量、加药剂量、反冲洗及化学清洗周期与强度等），使膜系统在最佳工况下运行。

二、混合离子交换器再生后正洗的优化

离子交换器再生后正洗可通过适当减小正洗排水门的开度，使离子交换器内进水压力保持在 0.1~0.2MPa，不仅可以提高正洗效果、减少水耗，还可以在压力作用下使出水取样管正常运行，实现在线仪表的实时监测，比手工监测更快捷、更准确，从而有效地减少离子交换器的再生自用水。

三、除盐水供水系统的优化

除盐水泵改为变频泵，依据除盐水出口母管压力变化实现自动补水，减少频繁启停水泵次数，节电降耗。并通过多台除盐水泵联锁，根据除盐水流量需求自动选择水泵的启停及启停台数。

四、废水综合利用

火力发电厂用水建议采用阶梯用水模式，例如：开式循环冷却水系统排污水可用于水力除灰（渣）、输煤系统冲洗用水，在系统条件允许的情况下也可作为锅炉补给水处理系统用水。锅炉补给水处理系统废水，除阳床再生水需要单独处置外，其他废水可用于脱硫工艺用水。

五、锅炉给水加氧技术的应用

锅炉氧化铁垢生成速率高、压差上升速度快是直流锅炉面临的突出问题之一。究其原因，与给水系统铁含量高有关。因此，降低给水铁含量是抑制给水系统的腐蚀的关键。锅炉给水加氧技术的应用为问题的解决提供了积极的手段。

（一）给水加氧水处理工况原理

给水加氧水处理工况是利用氧在水质纯度很高的条件下对金属有钝化作用的原理，通过在锅炉给水中加入适量的氨水和氧，使给水的pH维持在8.0~9.0之间，溶解氧维持在$50\sim150\mu g/L$之间，使钢材表面生成双层结构氧化保护膜。

（二）适用条件

（1）直流锅炉；

（2）水汽系统的材质为全铁系合金；

（3）凝结水精处理后水汽系统的电导率$<0.15\mu S/cm$；

（4）机组投产时间比较短，水冷壁垢量不高；

（5）凝汽器泄漏率低，凝结水精处理运行正常；

（6）炉内在线仪表配置合理，凝结水、给水、主蒸汽的在线电导率仪、溶解氧仪稳定、准确可靠；

（7）加氧设备精度、可靠性满足条件。

（三）加氧工况的实施

氧化剂的选择：最好使用气态氧作为氧化剂。

加氧位置：建议采用两点加氧方式，一点为凝结水精处理出口母管，另一点为除氧器下降管前置泵的前面。

加药设备：加氧设备由存储设备、控制设备和注入设备组成；加氨设备由存储设备、控制设备和注入设备组成。

转换过程：机组按 AVT 运行方式运行，先进行一次全面系统查定，并确认精处理运行正常。停止加联氨一星期，再一次确认精处理运行正常，给水水质 $DD_H<0.1\mu S/cm$，调整 pH 在一定范围内（8.2～8.5），在给水泵加氧点处按 $150\mu g/L$ 理论计算值加入气态纯氧，转换为 CWT 运行工况，加强监视汽水系统各测点水质变化，根据给水水质变化情况，适当调整给水泵入口的加氧量，最终调整给水溶氧浓度为 $200\sim300\mu g/L$，直至主蒸汽中有溶氧出现。当主蒸汽溶氧达到一定范围内，调整给水溶氧并使主蒸汽溶氧平衡并稳定。在主蒸汽溶氧平衡并稳定运行一段时间后，于精处理出口加氧点开始加氧，控制溶氧为 $50\sim100\mu g/L$；在 AVT 转换为 CWT 的过渡阶段，除氧器排汽阀微开或根据实际情况调整开度，控制除氧器出口溶氧在 $50\sim100\mu g/L$。给水 pH、溶解氧的控制必须稳定，避免大幅度波动，机组负荷应稳定在 75%～100%之内。在 CWT 过渡阶段，由于水的氧化性对水汽回路有清洗作用以及原有有机物氧化逸出，给水电导率、主蒸汽电导率有上升现象，同时水汽系统铁也随着 DD_H 上升而增加，但随着转换过程趋于平衡，电导率将逐渐恢复正常，所以在转换过程中以 $DD_H<0.2\mu S/cm$ 为控制标准（短期可放宽至 $DD_H<0.3\mu S/cm$），当 DD_H 接近 $0.2\mu S/cm$ 时，适当调低给水溶氧，以便保证给水 $DD_H<0.2\mu S/cm$。

（四）效果评价

给水铁离子含量有了显著改善，工况转换完后，给水铁离子基本可降至 $5\mu g/L$ 以下。

凝结水精处理的出水周期可以提高 5 倍左右，大大降低再生用酸碱和除盐水。

炉内水处理药剂、联氨不消耗，氨水是全挥发性水处理工况的 1/5 左右，降低了炉内水处理的药剂费用。

2.6.6 除灰、除渣系统运行优化

燃煤电厂除灰、除渣系统运行优化与机组负荷、煤种、灰分变化和灰渣的性质有直接关系。在系统优化运行时，要结合以上因素灵活调整，对燃煤进行合理配烧，尽可能达到除灰、除渣系统在设计参数内运行。

一、气力除灰系统运行优化

气力除灰系统运行优化应根据燃煤量、煤种、灰分性质合理调整输灰配气，在输灰过程中确保落料畅通，满仓泵输送，这样可以减少用气量，减少除灰空压机运行台数，同时减小对输灰管道的磨损。

（一）气力输灰系统输送周期和落料时间优化

锅炉点火前由于灰斗中积存的灰温度低、流动性差，要先运行输灰系统 2～4h，同时在锅炉点火初期及开始投煤时，输送的灰含碳量高，且可能含有一定油分，宜将输灰系统输送周期和落料设定时间相对缩短。运行中，随着机组燃煤量、

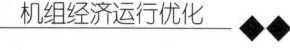

煤种、灰分、机组负荷变化，随时观察各个电场输灰系统运行压力曲线，检查历史曲线，调整落灰时间和循环周期，循环时间及进料时间要逐渐调整。

(二) 气力除灰系统用气压力优化

气力除灰系统用气量高峰时，可能出现气压低现象，应优先考虑修改循环时间，适当增加一、二电场的输灰次数，减少三、四、五电场的输灰次数，降低三、四、五电场输灰时的压缩空气消耗量。此时应注意三、四、五电场的料位情况，一旦出现高料位应立即将循环时间修改回来，启动备用空压机。

(三) 气力输灰系统配气优化

当飞灰性质和灰量发生较大变化时，应及时调整输灰系统配气，在满足系统出力情况下，减少用气量，使输灰系统达到最佳运行工况。具体方法是：在输灰系统运行时，记录满仓泵落灰时间和锅炉负荷，根据每一个输灰周期的时间和压力曲线，调整系统各部配气孔板配气量，使输灰系统能够满出力运行。

(四) 除灰空压机运行优化

在确保输送压力的前提下，合理调整空压机联锁定值、延时时间和投入备用的空压机台数，减少空压机空载运行时间，以达到降低厂用电的目的。例如，有四台空压机运行时，第一台联锁的空压机的延时时间应设置为0min，第二台联锁的空压机时间宜设置为1～2min。如果压力低于联锁值时，则设置为0min空压机先联锁启动；如果压力恢复正常，则第二台联锁的空压机不启动；如果压力仍然低，则1～2min后第二台联锁的空压机启动。

二、除渣系统优化

除渣系统主要是对炉底渣的清除，可分为湿排渣系统和干排渣系统。

对于采用湿式刮板捞渣机连续除渣系统的锅炉，首先要保持冷却水槽的水量和密封良好，定期对渣水澄清池进行清掏，合理控制补水量，做到闭式循环和废水零排放。

(一) 除渣系统启停优化

机组启停时，合理控制捞渣机启停时间。机组启动时，启动捞渣机（碎渣机）试运正常后，停运捞渣机（碎渣机）。当机组投入第一套制粉系统时，启动捞渣机（碎渣机）系统运行。机组停机后，当捞渣机机体内余渣刮净后，及时停运捞渣机（碎渣机）。

(二) 除渣系统正常运行优化

机组低负荷时，结合燃煤量，及时调整捞渣机输送速度，达到节电效果。

(三) 风冷式排渣机除渣系统风量调整

对于风冷除渣系统的锅炉，根据渣温、渣量的变化，及时进行冷却风量、漏风量的调整。在机组启动初期和低负荷时，关闭液压关断门。在机组运行中找出炉底进风影响锅炉效率的分界温度，当温度低于此分界温度时，漏风量增加将会降低锅炉效率；当温度高于分界温度时，适当提高漏风有利于锅炉效率的提高。合理配比锅炉一、二次风，在炉底进风温度较高、渣量较多时，可适当加大炉底进风；在进风温度低时，减少炉底进风。在正常运行中通过控制进风量来尽量提高炉底进风温度，以提高锅炉效率。

2.6.7 厂区空调、采暖运行优化

空调、水暖和汽暖系统的运行方式优化，可产生一定的经济效益。

建议在装有空调采暖的室内安装温度表、湿度表，合理控制温度、湿度，在保证设备安全运行的前提下节能。

夏季空调温度不能设定过低，建议设定在 26℃；定期对中央空调进行维护，合理确定风机的运行方式、组数，以降低电耗。

在蒸汽疏水可回收至凝汽器的情况下，可考虑用汽暖替代水暖，将定排水回收到水暖。合理安排水暖系统运行方式，实现系统的节能运行。

一、汽机房采暖系统优化

寒冷地区电厂汽机房暖气投入后机房温度较高，应根据实际情况，考虑将 C 列墙汽轮机侧暖气关闭。也可以考虑将暖气系统的布置方式进行优化，实现分层供汽，单独控制的节能运行方式。根据机组状态，合理调整汽机房暖气系统的运行方式。

二、锅炉房采暖系统优化

寒冷地区电厂，锅炉零米外温度较低，经常发生冻坏冷却水管、消防水管及热工表管的现象。锅炉除保证正常的暖汽设备正常投入以外，在大门旁边或重要区域加装暖风机或热风幕，来保证厂房内温度达到要求。

三、采暖蒸汽疏水回收

电厂采暖系统一般有水暖和汽暖两种供热方式，虽然在采暖系统设计中安装了疏水回收系统，但由于溶氧高、电导超标、漏真空、金属离子含量高等原因未能完全将疏水回收。

将采暖疏水系统进行优化改造，采暖疏水集中回收到疏水箱，用作厂区及生活区水暖系统的补充水，做到工质及热量的全部回收利用。机组汽暖疏水集中回收到疏水箱，除铁后回收到凝汽器，以降低机组补水率。

由于采暖系统庞大，容易导致疏水金属离子含量高，使回收装置电导超标，需要在回收系统设置过滤装置，除去疏水中的杂质及金属离子，保证水质符合回收部位的水质要求。

采暖系统疏水回收时应根据不同的压力、温度等级，经过技术经济比较后选择回收方式。在回收系统的末端应设置排污系统，用于系统投运后的冲洗。对于回收至除氧水箱的方式，易产生管道振动或给水溶解氧超标的现象，影响疏水回收，宜将其回收至凝结水至除氧塔管道。对于回收至凝汽器的可经过多级水封筒将疏水回收至凝汽器，防止疏水系统运行不正常时空气漏入凝汽器。

2.7 机组滑压运行及配汽方式优化

2.7.1 机组滑压运行优化

在机组经济工况下，汽轮机组具有较高循环效率，但随着电网容量增加，火电大机组普遍参与电网调峰，造成机组大多数情况下并不能在经济工况下运行，偏离了经济工况，循环效率降低。提高变工况的运行效率，可以提高机组的经济效益。

一、目前机组普遍存在的问题

(1) 投 AGC 的机组，滑压曲线的下拐点偏高，以满足负荷响应能力。

(2) 对于空冷机组，最经济的滑压曲线随真空的变化而变化。

(3) 制造厂提供的设计滑压曲线和最经济的滑压曲线存在较大偏差。

二、滑压运行优化

滑压运行是提高变工况运行效率的有效方式，制造厂通常提供设计滑压运行曲线。但是设计曲线未考虑机组实际的设备运行效率、系统条件及系统环境的变化。电厂根据滑压理论，通过现场测试、理论分析和运行调整共同对滑压曲线进行实际测试，力求机组在各种负荷下都能够运行在最高循环效率点上。

理论滑压曲线是在设计的阀门特性、通流特性、热力系统特性、设计环境条件下计算出来的，和实际最经济滑压曲线有一定偏差。而试验滑压曲线是在当时试验机组的阀门特性、通流特性、热力系统特性、环境条件下测试出来的。因为滑压曲线只表示了压力与负荷关系，其他影响因素没有涉及。阀门、通流、辅助设备基本不会变，但是系统、环境条件会变。例如，吹灰、排污、辅汽投入及环境温度变化，都会导致滑压点的偏离。上述局限性的解决办法可采用动态调整方法。从滑压曲线产生理论可以得出，滑压实际上是追求最佳的阀位。最佳阀位就是阀点，阀点可通过试验测试出来，只要发现在滑压条件下阀位偏移，可适当调整主蒸汽参数，保持阀点就可以了。

定滑压运行曲线是经济性最优点连成的一条曲线，设备、系统、环境条件的变化都会影响到该曲线。通过测定高压缸效率判断阀点，依据循环参数计算出主蒸汽压力与效率的对应关系，能够精确得出最佳运行压力与负荷的关系曲线。可通过定滑压曲线的现场测试显示的机组特性来指导运行人员根据机组实际运行状况精确调整滑压压力，确保机组在各种条件下滑压点的最佳经济性。对于空冷机组，最佳的滑压曲线随真空的不同而改变，应通过试验方法确定不同真空下的最优滑压曲线。

2.7.2 单、顺阀控制方式优化

汽轮机阀门控制方式一般有单阀控制方式、顺序阀控制方式、复合控制方式三种，单阀控制是把全部高压调门同步控制。顺序阀控制是调节汽阀按预先设定的顺序开启，通常仅有一个调节汽阀处于节流状态，其余均处于全开或全关状态。复合控制是在机组启动及低负荷时所有高调门同步开启，高负荷时逐渐将一个调门关闭，其他调门开大，即低负荷时类似单阀控制方式、高负荷时类似顺序阀控制方式，同时具备两者的优点。

一、存在的问题

（1）单阀控制或复合控制方式运行时，为满足负荷响应速度要求，普遍存在下拐点压力偏高，不能按设计滑压曲线运行，调门节流损失大。

（2）单阀、顺序阀控制方式切换或投入顺序阀控制时，部分机组存在轴振大、瓦温高、高调门摆动等现象。

（3）顺序阀控制方式运行时，部分机组调门重叠度大，节流损失大。

二、单顺阀控制方式优化

（1）对于设计有顺序阀控制方式的新建机组，按照制造厂要求，在条件满足时，尽早由单阀过渡为顺序阀方式。

（2）机组启动过程中应采用单阀控制方式，这样对汽轮机各部件获得均匀加热较为有利，大大加快机组的启动速度。机组启动正常后，应及时将单阀切为顺序阀控制，以减少调门的节流损失。

（3）通过试验对机组 AGC 跟踪能力测试，在满足机组负荷响应速度要求的情况下，尽可能使滑压下拐点接近最优值。

（4）若切换至顺序阀控制后存在轴振大、瓦温高等异常现象时，可采取改变调节阀的开启顺序，采用"对角开启顺序阀控制"的配汽方式和优化阀门重叠度的组合方案解决。

（5）对未设计顺序阀控制的机组，进行顺序阀改造时，要对调节级动应力校核。为防止门杆断裂，宜将各高调门指令上限调整至 95%。

（6）对于顺序阀控制方式，要确保阀门开启重叠度的合理性，一般不大于 10%。

2.7.3 采用凝结水节流技术的机组调峰优化

凝结水节流技术是为满足电网频率调整要求，提高机组一次调频的功率变化能

力和机组稳定性，深度挖掘机组蓄能利用的一种新的调节方式。

"凝结水节流"调节理念是1992年由Siemens公司首先提出的利用机组蓄能的一种快速调峰方法。主要原理是通过减少凝结水流量，降低回热加热系统抽汽量，使更多蒸汽在汽轮机内做功，从而瞬时提高机组功率。它通过快速减少低压抽汽的方式，提高机组中、低压缸的做功能力，从而快速提高机组负荷的响应时间和一次调频能力。2006年至今有部分电厂开始尝试采取这种凝结水节流技术，以达到提高机组的负荷响应速度的目的，同时减少机组调峰中高压调节门的节流损失。

2.8 负荷经济调度

火电厂单元机组间负荷经济调度有别于电力系统经济调度。它是指在全厂总的调度负荷下，根据各机组的热力特性确定各机组应承担的负荷，从而使得全厂总的煤耗为最低的一种优化调度。

2.8.1 负荷经济调度的必要性

目前AGC方式下，调度中心直接调度到某台机组，电网的变负荷要求一般按比例分配给投入AGC运行的机组，该方式存在以下问题。

一、AGC对机组寿命的影响

由于电网负荷频繁变化，使投入AGC的机组始终处于变化状态，机组的煤、风、水频繁变化，蒸汽压力和温度大幅度频繁波动，对机组的寿命有较大负面影响。另外辅机、阀门、挡板等设备频繁动作，降低了设备的使用寿命。

二、AGC对机组运行经济性的影响

目前电厂侧AGC没有经济分配负荷功能，而调度侧AGC有经济分配负荷功能。随着煤耗在线系统的开发利用和节能调度的深入进行，即将在调度侧实现机组的负荷经济分配，以实现负荷经济调度目标。

三、机组负荷调节存在断点

单机AGC方式下，由于机组磨煤机的启动或停止，机组参数越限造成负荷闭锁增或减，以及其他原因，机组有时不能响应调度的变负荷要求，所以每台机组负荷调节是不连续的。另外由于煤质变化和机组运行工况变化，机组的负荷调节范围也会发生变化。

四、AGC对机组运行稳定性的影响

根据上面的分析，机组的负荷调节过程是一个相当长的过程，有一个变负荷要求后，一般要半小时左右，调节系统才能达到稳定。按调节原理，上一级（电网AGC）调节系统的频率应比下一级（机组CCS）调节系统低，机组CCS才能达到稳定，但由于电网负荷变化比较频繁，实际 AGC 负荷指令变化频率经常会超过机组 CCS 调节频率，调节系统始终处于频繁的调节状态，机组不能稳定运行，主蒸汽压力和温度、再热温度大幅度频繁变化，严重影响机组的稳定运行。

为此，发电企业应设置一个全厂的负荷分配系统，电网调度向电厂发一个全厂负荷指令，由全厂的负荷分配系统合理地安排机组的负荷或变负荷任务，来降低电厂的发电成本。

2.8.2　负荷经济调度的优化内容

火电厂的负荷经济调度包括两方面的内容：一是并列运行机组间负荷的优化分配，它是以给定电厂运行机组组合为前提的；二是单元机组的优化组合和开停机计划的确定。

一、并列机组间负荷优化分配

并列运行机组间负荷的优化分配基本上有三种方法：

（1）效率法：是让效率较高的机组承带较多的负荷，即按效率的高低顺序承带负荷。

（2）建立在古典变分原理上的等微增率原理调度。该方法简单、易懂，目前仍是电力系统实现负荷经济调度的主要方法。

（3）建立在优化理论基础上的动态规划、线性规划、网络等现代数学方法。随着计算机技术的日益发展，现代优化理论已趋于成熟，应用也更广泛。

全厂的负荷分配系统分配负荷时考虑的是一个综合指标，每台机组根据其经济性、稳定性、向上和向下出力空间等因素计算出负荷优先指数。有加负荷要求时，全厂的负荷分配系统选择加负荷优先指数最大的机组承担增负荷任务；有减负荷要求时，全厂的负荷分配系统选择减负荷优先指数最大的机组承担减负荷任务。在变负荷幅度较小时，一般由一台机组变负荷；在变负荷幅度较大时，根据其幅度的大小选择几台或全部机组变负荷。超超临界机组在低于 60% 负荷后，其效率呈加速下降趋势，只有尽量保证超超临界机组在相对较高的负荷运行，才能更大地发挥超超临界机组优势。鉴于超超临界、超临界、亚临界机组的经济性特点，在负荷有限的情况下，应优先提高超超临界机组的负荷率，其次是超临界机组的负荷率。只有确保超超临界、超临界机组的负荷率，才能真正发挥这些高参数大容量机组的潜力。

另外，在选择机组加或减负荷时，避免机组在短时间内反向变负荷，即机组完成一次加负荷任务后，让其稳定运行一段时间后再去承担减负荷任务，这样能防止机组热负荷上下波动产生的疲劳损耗。另外短时间内反向变负荷时，由于机组的热负荷有较大的惯性，机组负荷的调节性能也比较差。通过这些措施能有效地延长机组使用寿命和检修周期。

二、机组启停优化组合方法分析

机组优化组合的常用方法有优先顺序法、动态规划法、网络法、整数规划和分支限定法。目前也有结合等微增率原理和动态规划原理的负荷分配方法，该方法可以结合两者的优点，较好地协调计算机计算速度和计算机内存的关系。单元机组参加调峰的途径有两个：一是将单元机组的负荷减到技术所允许的低限；二是在低谷期间单元机组停机备用即机组优化组合。但是当机组减负荷过大时其技术经济指标将明显恶化。

机组优化组合涉及发电机组可用状态等多方面的因素，如机组启停所需时间、启动煤耗、空载煤耗、机组启停设备损耗及维修费用，以及机组最小允许运行时间、机组最小允许停机时间等约束条件。这些约束条件使得机组优化组合需要通过精细的比较和计算，计算机的迅速发展和普及为实现机组优化和组合提供了保证，机组优化组合的理论和算法已基本上趋于成熟。

单元机组优化组合还对机组的机动性和启停工况的技术提出了较高要求。由于目前电网容量的限制，机组启停技术的复杂化和较多的不确定因素。加上机组启停时运行人员的组织工作可能会遇到一些问题，火电厂内机组优化启停基本上还处在研究阶段，还没有达到在电厂中实际应用的程度。随着现代电网备用机组容量的增加，以及机组启停工况研究的进一步深入，电厂运行管理水平的进一步提高，实现机组优化组合指日可待。

2.8.3 运行实时优化——耗差管理

计算机技术的广泛采用，为电力企业实时数据的采集、分析提供了可能。DCS同MIS（信息管理系统）的结合产生了包括生产情况实时监测、机组耗差分析、发电成本在线计算和全厂负荷分配等生产过程的大量实时系统。这些实时系统采集大量的热力数据，全自动或在人工干预下，实现生产实时数据的处理，为企业的决策者和管理层提供大量的信息，为运行值班人员提供操作调整依据，在电力企业中发挥着越来越重要的作用。正是在这种情况下，机组耗差分析系统得到了长足的发展。

一、耗差分析系统的主要作用

"耗差"是指机组运行参数偏离目标值时，对机组单位煤耗的影响值。"耗差分析"就是根据运行参数的实际值和目标值的偏差，通过给定的算法模型，得到机组相关的各项经济性能指标，并与对应的指标目标值比较，计算各项参数与目标值的偏差所引起的供电煤耗的变化，通过分析计算得到运行指标对机组的供电煤耗的影响程度。基于现代信息技术和热力学理论发展起来的耗差分析方法能够实时定量计算机组能量损失的分布，是指导运行人员及时消除可控煤耗偏差、提高运行经济性的核心技术，是火电机组节能技术从粗放型向精细型转变的根本方法。

"耗差分析计算"是建立在 DAS、SIS 或 DCS 提供的实时数据基础之上，根据实时得到的相关指标数据，突出体现影响机组性能的主要因素，为运行人员提供直观的运行指导，以使机组运行处于最佳的经济状态。与传统的单项指标竞赛相比较，耗差分析计算解决了单项指标管理方法中由于没有考虑指标之间的相互耦合关系而使得运行人员很难确定最佳运行方式的问题。通过"总耗差"一个指标就完全体现了运行调整水平、设备运行效率及外界条件总的经济性，而"运行可控耗差"刚好能够将运行可调部分分离出来，同时也解决了小指标等考核方式的不合理部分。

耗差分析系统通常包括机组运行参数的状态监测、性能计算、耗差分析、在线试验和运行优化指导五部分内容。耗差分析结果给生产人员指出了节能优化运行的方向和目标，并能实时反馈运行调整的节能效果，给设备管理提供了依据，给电厂节能和技改工作指明了方向。

二、耗差分析系统的开发应用

性能指标计算和能耗分析的准确性、合理性是耗差分析系统的核心。影响性能指标计算所用的测点、公式是保证耗差分析系统计算准确性的基础性工作，应在平台搭建、测试及应用过程等各个阶段反复进行，确认是否符合性能试验技术标准要求，确认变化趋势是否符合逻辑关系，找到异常偏离正常水平的数据，具体问题具体分析，根据现场实际情况进行修正、完善。实际开发中应重点做好以下几方面的工作：

（1）做好测点选取、核对、修正、完善工作；

（2）通过热力试验反复验证，优化计算公式；

（3）合理选择性能计算用基准流量；

（4）合理确定单项指标偏差对热耗或煤耗的影响关系；

（5）重视 SIS 系统的稳定性。

三、耗差分析系统动态寻优

即在外部环境相对稳定的条件下，寻找对应工况下的最优值作为偏差管理的基准，通过各种边界条件的设定先确定稳定工况点，再通过煤耗和各参数边界条件的设定来确定最优值的替换条件和替换方式。在外部环境相对稳定的条件下，寻找最优值作为偏差管理的基准更科学、更合理，实现了动态寻优，寻优点代表了某边界条件下的最经济运行方式。动态寻优也存在一定的缺点，寻优库的建立需要很长的积累周期才能够正常使用，系统寻到的最优值在偏差范围内可以自动替换，超出范围就需要人工判断。

最优状态的选取方案：
(1) 以供电煤耗最低为基础，推荐先以试验值为基础。
(2) 当实际最优值出现时，应进行甄别后进行替换。
(3) 在系统中建立最优库，保存数据形成系列最优库。
(4) 最优库可以用试验平台来对其进行校验，进而确认其有效性。

四、耗差分析系统应用

耗差分析系统的现场应用主要分为两个方面，一方面给现场运行人员提供及时而详细的运行指导，并根据其调整的煤耗结果给予相应的奖罚，与常见的经济性小指标绩效考核方式不同的是能更加直观的用煤耗指标来表征运行人员的调整水平差异，真正实现公司与个人的利益同步最大化；另一方面给运行管理人员或生产管理人员提供良好的节能管理平台。专业管理人员可根据耗差系统的计算结果，分析机组性能随时间、负荷变化、系统条件变化及设备检修的变化规律。按要求开展月度分析、月度典型工况机、炉热效率试验等，自动进行纵向、横向比较，并生成相关热力试验报告；及时发现机组的节能潜力和劣化倾向，制定可靠的节能优化措施，保障机组经济性运行。

2.9 热工控制系统优化

单元机组协调控制系统一般有两种控制模式：炉跟机协调控制和机跟炉协调控制，这两种模式都为真正意义上的机炉协调控制模式。在炉跟机协调方式下，炉主控负责维持机前压力，机主控控制机组负荷，因此机组负荷反应快、负荷控制精度高，但机前压力波动较大，按照调度部门对机组 AGC 投入指标的要求，该协调方式为首选 AGC 运行方式。与炉跟机协调相反，在机跟炉协调方式下，机主控维持机前压力，炉主控控制机组负荷，由于采用反应快速的汽轮机调门控制机前压力，机前压力波动很小，这对于燃煤机组的稳定运行比较有利，但同时由于用惯性和迟延都较大的炉侧来控制机组负荷，因此机组负荷的响应特性较差，负荷控制精度也较低，该方式仅用于对主汽压力要求较严的直流炉和汽包炉的特殊运行工况。

2.9.1 负荷指令前馈的优化

一般单元机组协调控制系统设计，锅炉燃料量的前馈只有机组负荷指令，机组投协调方式时，由于制粉及锅炉燃烧纯延时时间较长，进行负荷变动时燃料量、汽温、汽压波动较大，负荷变动较大时不能正常调节。

(1) 对机组负荷目标指令前馈进行函数处理，将基本前馈系数控制在 0.7～

0.9之间，并可在线进行系数的修正。调试中按照试验结果对函数的参数进行修正。

（2）增加负荷目标值和实际负荷指令的正偏差前馈，在负荷变化过程中适当对燃料和风量进行一定的过调，用以弥补制粉系统和锅炉的纯延迟导致的压力大范围波动。当然，要注意风量和燃料的交叉控制。

（3）在负荷指令出现三角波或者负荷指令突然回调的情况下，负荷目标值和实际负荷指令的正偏差前馈会过调，出现机前压力大范围波动，进而导致负荷也大范围波动的现象。为了克服这种情况，设计了HOLD/RUN回路。在现场试验中证实，此改进措施对于闭锁增/减的功能有非常好的效果。

（4）在目标负荷与负荷指令正偏差前馈回路出口增加了几个惯性环节。现场试验证明，改进后的协调控制系统的动态调节性能及静态特性明显改善。

（5）设计增加负荷变动期间目标负荷对负荷指令的动态补偿环节，以改善锅炉的动态特性；同时，加强负荷指令的微分前馈，在负荷变动开始期间尽快提前改变部分煤量。

2.9.2 机主控功率指令和压力指令回路的优化

针对炉侧系统响应较慢及机侧压力和功率调节响应快的特点，对机主控侧的压力、功率调节的指令回路进行了修正。基本思路是将炉侧的压力偏差负向加到机主控的功率指令回路中，将炉侧的功率偏差负向加到机主控的压力指令回路中，充分利用机侧快速消除压力、功率偏差的特性，使汽轮机调速汽门辅助锅炉参与调压（在主调功率的同时）和调功率（在主调压力的同时）。此项优化基本消除了协调控制方式下压力（功率）波动较大造成燃料量、汽温波动过大的现象，有效地改善了机炉协调的整体性能。

一、机主控功率指令修正

在协调炉跟随方式下，将炉侧主蒸汽压力偏差按一定比例负向加到汽轮机功率指令回路中，当压力偏离设定值达到一定范围时，压力的负向偏差将按一定系数（或分段函数）修正机主控的功率指令。由于机侧的调速系统响应较快，实发功率很快按要求改变，从而反向抑制压力偏差的增大，起到辅助锅炉调压的作用。

二、机主控压力指令修正

在协调机跟随方式下，改进的思路是将炉侧调节功率偏差按一定比例负向加到机主控压力指令回路中，当功率偏离设定值达到一定范围时，功率的负向偏差将一定系数（或分段函数）修正机主控的压力指令。由于机侧的电调响应较快，实际功率偏差很快减小，从而反向抑制炉侧功率偏差的增大，起到辅助锅炉调功率的作用。

2.9.3 机组响应时间与调节速度的优化

一、变负荷升速率设计

机组的负荷变化速率应满足调度要求。为了提高机组的响应时间，可在逻辑中设计变负荷升速率的控制回路，以实现负荷指令变化初期的短时间内（10～30s）机组能以较高的升速率来升降负荷，然后再以固定的升速率变负荷。这样可以使机组负荷快速脱离调节死区，达到提高机组响应时间的目的。

二、在变负荷初期弱化压力校正回路

在炉跟随调控制方式下，通常将主蒸汽压力的偏差信号引入机主控的负荷控制回路中，以使机主控和炉主控共同稳定主蒸汽压力。但这会降低对 AGC 指令的响应时间，影响 AGC 的调节速度。为了提高机组的响应时间与调节速度，在机组变负荷初期，可通过主蒸汽压力的合理波动来提高机组对负荷指令的响应速度和 AGC 的调节精度；可以将压力拉回的定值放小，以达到弱化压力拉回的作用，或在逻辑中设计只要变负荷信号发出，即立刻取消压力拉回作用，使机组负荷能快速跟上网调负荷，快速提高机组的响应时间和调节速度。

三、滑压曲线设定点后增加惯性环节

机组有定压和滑压两种运行方式。滑压运行时，压力参数随负荷的变化而变化，变化方向与负荷需求方向相同。当需要增加负荷时，锅炉同时需要吸收一部分热量来提高参数，使其蓄热能力增加；反之，需要降低负荷时，压力参数要降低，要释放蓄热。这正好阻碍了机组对外界负荷需求的响应，降低了负荷响应速率。定压方式则可不改变锅炉蓄热能力，有利于负荷的快速响应。为提高机组的快速响应能力，应设计为在滑压曲线的压力设定点后增加几个惯性环节，以实现在变负荷阶段延缓压力设定值的变化，并适当允许机组有一定的参数波动，以充分利用锅炉的蓄热能力。

2.9.4 一次调频的优化设计

一、一次调频动作条件的同源

目前，机组一次调频的设计一般为电调侧用汽轮机转速信号，协调侧用机组的频率信号。这两个信号可能存在偏差，会导致电调侧与协调侧一次调频动作的时间不一致，弱化一次调频的动作效果。设计为两侧均用机组转速信号，以实现电调侧与协调侧一次调频动作时间的统一。

二、增加一次调频触发条件的修正算法块

并网后各台机组的转速信号应一致，各台机组的一次调频理论上应同时动作，但实际上由于送入 DCS 系统的转速信号可能存在微小的偏差，导致有的机组超前动作，有的机组滞后动作，从而影响了一次调频动作合格率的统计。

2.9.5 控制汽轮机调门在经济运行开度

一、通过整定汽轮机调门流量特性曲线试验

在保证汽轮机调门流量特性线性的前提下,将调门曲线的重叠度控制在10%以内。按机组各负荷段的额定压力设置机组的机前压力曲线,并投入自动滑压,以保证汽轮机调门节流损失在一定范围之内。机前压力在投入自动滑压方式后有人为手段可以对机前压力进行干预,人为的修改量一定要加以限制,不宜大于±0.5MPa。

二、一次调频设计上的完善

一次调频设计运用DEH+CCS的经典设计方案(即转差信号修正调门开度-转差信号修正功率指令)的同时,在DEH中的调门指令前适当引入机前压力信号对调门指令的作用,以保证在不同负荷和不同机前压力下的正确动作率和动作量。

2.9.6 优化调整回路控制器参数,调高控制精度

(1)通过试验方法优化调整回路控制器的参数,提高调节品质,提高被控对象的参数精度。

做变负荷试验时,负荷变化量为升/降9MW指令维持1min后再降/升9MW维持1min,如此反复3次,以模拟BLR(调频)运行工况。检测试验过程中的高、低压加热器水位、真空、过热器壁温、再热器壁温、过热器温度、再热器温度、汽包水位、调门开度等重要参数偏离设定值的情况。

(2)在锅炉燃烧控制回路中增加煤质校正回路。对于煤质变化缓慢且有规律变化的情况,可设定负荷变化量—煤量曲线,以针对当前煤质对锅炉煤量指令加以修正;对煤质变化频繁且无变化规律的情况,应引入直接能量平衡的协调控制方案,用热量信号建立机—炉平衡,也可增加总燃料量偏置按钮等手段加以完善。

2.9.7 直流锅炉中间点温度控制优化运行

直流锅炉最主要的控制特点就是煤水比的控制。

当直流锅炉在湿态方式运行时,基本可当成汽包锅炉来控制,不存在煤水比控制问题。

当直流锅炉在干态方式运行时,燃料量和给水流量的改变都会引起锅炉内部汽水分界面的改变,从而导致锅炉出口蒸汽温度的变化。汽水分离器出口蒸汽温度测点一般也叫中间点温度,它是最早反映出煤水比失调的信号。目前,直流锅炉中间点温度控制一般采用水跟煤或煤跟水两种方式。从控制主蒸汽温度的角度考虑,给水流量变化对中间点蒸汽温度的影响要快一些,使得中间点温度易于控制,采用水跟煤的控制方案有利于主蒸汽温度的控制,但不利于主蒸汽压力的控制。相反,采用煤跟水的控制方案有利于主蒸汽压力的控制,而对主蒸汽温度的控制则相对不

利。两种控制方式各有利弊，宜根据机组自身特点和燃用煤种综合考虑。

为了防止水煤比严重失调，控制系统一般设计有煤水交叉限制。具体做法是，根据当前的燃料量给出给水流量指令的最大值和最小值，使给水流量指令在此区间内变化。另外，根据当前实际给水流量给出燃料量指令的最大值，以防止锅炉受热面超温。

2.9.8 前后墙对冲燃烧锅炉送风自动调节优化

对于前后墙对冲燃烧锅炉，当送风自动调节被调量为燃烧器二次风箱压力，锅炉中出现掉焦或脱硫系统异常时，炉膛负压剧烈波动，二次风箱压力也随之大幅波动，导致送风机动叶调整大幅度动作，引起锅炉引风机随之动作，导致炉膛负荷波动较大，甚至炉膛负压调节出现发散状况，影响机组安全、稳定运行。同时，锅炉燃烧风煤比无法精确控制，不利于机组的经济运行。通过对送风机出口母管风量测量装置进行改造，确保风量测量准确后，优化送风自动调节，可以将送风机动叶调节的被调量改为锅炉总风量，以确保送风自动调节的安全性及经济性。

2.10 电气设备运行优化

2.10.1 发电机运行优化

一、氢冷发电机氢气品质的运行优化

600MW 及以上汽轮发电机基本上都是"水氢氢"冷却方式。氢气密度是气体中最小的，在同样的压力和温度下，其密度不到空气的 1/14，可以明显减少通风摩擦损耗。

氢气纯度直接影响发电机效率，额定氢气纯度为 98%，正常运行时应在 96%以上。氢气纯度下降则气体密度增加，会引起通风损耗增加，即发电机的效率下降。

根据有关资料，对于 800MW 容量的汽轮发电机，当纯度在 99%以下时，每下降 1%，增加风摩损耗 366kW；氢气纯度从 95%每增加 1%，就相应增加发电机输出功率 366kW。如果发电机氢气纯度从 95%上升到 98%，上升 3%，在燃料消耗没有任何变化的情况下，发电机组则增加超过 1MW 的输出功率。

对于 600MW 发电机组，推算出纯度下降 1%，损耗增加 240kW。若纯度从额定的 98%下降到 95%，下降 3%，发电机损耗将增加 720kW。600MW 发电机氢气品质目前的运行现状：在略低于纯度额定值 1%～3%上运行是普遍现象，缺乏调整意识，没有节能的概念。发电机密封油系统大部分为双流环式，氢气压力一般为 0.4MPa。氢气纯度下降的原因有很多，有的发电机存在向机内进油的现象，同时混入空气，污染了机内氢气，使得氢气品质难以维持在额定值上。

某厂氢气纯度调整案例：①1、2号发电机氢气压力正常维持在0.38～0.40MPa运行；②1号发电机氢气纯度正常维持在98.0%～98.5%，当纯度降低至98.0%及以下时，至少排补氢二次，必须将氢气纯度提高到98.2%以上，且将氢气压力补至0.40MPa；当氢气压力低至0.38MPa时，必须补氢至0.40MPa；③2号发电机氢气纯度正常维持在97.5%～98.0%，当氢气纯度低至97.5%及以下时，至少排补氢二次，必须将氢气纯度提高到97.8%以上，且将氢气压力补至0.40MPa；当氢压低至0.38MPa时，必须补氢至0.40MPa。

经核算，制氢成本远远低于氢气纯度提高所带来的经济效益，故可忽略不计。

由上可见，机组正常运行时，将发电机的氢气纯度保持在98%以上运行是非常必要的；达不到98%时，也应尽量把目标值定得高一些。在确定氢气纯度临时目标值时，主要应考虑每天的补排氢次数和运行人员的劳动强度。

造成发电机氢气纯度下降的原因有很多，如密封油平衡阀调节不灵敏、密封瓦间隙大，氢油差压控制不当，密封油温较高，油净化装置不能投入等。密封油间的串油量与密封瓦中间环与轴的间隙成三次方关系。间隙越小，氢气越容易密封，空、氢侧密封油间的串流量也会越小。机组检修时，一定要将影响氢气纯度的因素一一排查并进行处理。

发电机设计的最大运行效率点处于额定值上，即额定氢气压力（影响散热）、额定氢气纯度（影响散热）、额定电压（决定铁芯损耗大小）、额定电流（决定铜损大小）、额定功率因数（影响励磁损耗）等。发电机的额定效率值接近99%，600MW机组损失一个百分点就是6000kW。

尽可能接近额定条件运行，特别是氢气压力、氢气纯度，应控制接近额定值。不允许低氢压运行（主要考虑安全性），即使是空载、轻载。

百万机组发电机密封油系统，在采用单流环式结构时，其配备的真空净油装置能有效地去除氢气中的水分和杂质，使发电机氢气具有较高的纯度和较好的湿度水平。新建机组可考虑采用此类型密封油系统。如某厂百万机组的氢气纯度可达到99%以上，使发电机有较高的运行效率。

二、发电机无功电压逆调压调整的作用和意义

发电机无功电压调整按照逆调压原则进行，既是电网安全性的要求，也是设备经济性的要求。其调整目标是系统电压满足调度规程要求，厂用电压满足现场规程要求。方法是：在高峰时段，通过发电机、主变压器、高压厂用变压器的有功负荷较大，电流较大，此时应调整发电机无功，使发电机电压、系统电压在允许范围的上限运行，可大大降低整个电气设备和系统的铜损（可变损耗）和总损耗；在低谷时段，

通过上述设备的有功负荷小、电流小，而系统电压因有功负荷小、输电线路容性无功作用明显而处于较高水平，且接近发电机、变压器铁芯磁化曲线的饱和区，使发电机和变压器的铁损对总损耗的影响明显增强，应控制系统电压靠近允许范围的下限运行，以降低铁损。

发电机的无功电压调整，对电力系统来说，方便快捷，并从发电侧就开始了对无功电压的优化调整，是电力系统电压调整的主要手段和方法。

某电厂遵照逆调压原则规定：

（1）低谷时，调整1、2号发电机无功，使220kV母线电压靠近229.8kV运行，高峰时靠近233.2kV运行。

（2）低谷时，调整3、4号发电机无功，使500kV母线电压靠近532kV运行，高峰时靠近536kV运行。

在节日低负荷期间或低谷时段，发电机进相运行吸收系统无功，不仅能降低系统电压，确保电压质量，还可实现提高电厂和电网经济效益的目的。

总之，对于整个电力系统来说，从发电侧、输电侧到配电侧，发电厂的逆调压调整，不管是对电厂还是对电网，都具有一定的安全性和经济性。随着AVC装置的正式投入使用，无功电压的逆调整原则将会得到更好的贯彻执行。

2.10.2 变压器运行优化

变压器是发电厂的主要电气设备，包括主变压器、启动/停机备用变压器、高压厂用变压器和低压厂用变压器等。变压器具有容量大、综合损耗大的特点，通过优化方式使其保持经济运行，是发电厂节能降耗不可忽略的一个重要环节。

一、发电机出口带断路器接线变压器方式的运行优化

此接线方式在机组停机过程中不需切换厂用电。发电机解列使用出口断路器，解列后由主变压器通过高压厂用变压器继续带厂用电运行，此时，启动备用变压器仍处于热备用状态。

此接线在机组停机后的厂用电运行方式经济性评价：带厂用电方式下主变压器损耗太大，机组停用初期主要辅机仍在运行，厂用电负荷较高，必须采用此方式；但在主要辅机停用后，厂用电负荷较小，若继续采用此方式，主变压器损耗太大将成为主要问题。若改由启动备用变压器带厂用电，将产生外购电，其电价要比上网电价高很多，必须进行经济性比较。

所以，若机组为短时停备，应由主变压器带厂用电运行；若机组长期停备，应在此机组主要辅机停用后，将主变压器带厂用电运行所耗费用与启动备用变压器带厂用电运行所产生的外购电费用进行比较，经过计算，若启动备用变压器带厂用电经济，再将方式由主变压器带厂用电倒为启动备用变压器带厂用电运行。

二、启动备用变压器的运行优化

(1) 不带公用段接线的启动备用变压器运行优化。可将启动备用变压器由热备用方式优化为冷备用方式，减少启动备用变压器空载损耗。自投时，通过厂用电快切装置合上启动备用变压器高、低压两侧开关。

设计或技术改造时，可考虑在启动备用变压器的低压侧增加开关及备用母线段，当一台机组停运时，通过快切将厂用电切至启动备用变压器带。如果运行机组厂用电负荷与停运机组厂用电负荷之和小于运行机组的高压厂用变压器容量，则经过方式倒换，改由运行机组厂用电母线带停运机组的厂用电运行，并将启动备用变压器转成冷备用方式，从而节约外购电量。

(2) 带公用段运行的启动备用变压器优化。此接线的正常方式为启动备用变压器带单元机组的两个公用段运行，相应机组作为公用段的备用电源。这种运行方式可以优化为：正常运行时由两台机组各带一公用段运行，将启动备用变压器转为冷备用方式，机组停机时再将公用段倒为启动备用变压器带；当运行机组负荷与停运机组负荷之和小于运行机组的高压厂用变压器容量时，运行机组高压厂用变压器除带公用段负荷外，可考虑带停运机组厂用电（接线方式可行时），同时将启动备用变压器转为冷备用状态。

三、低压厂用变压器的运行优化

对机组安全运行影响较大的变压器，如汽轮机变压器、锅炉变压器等，可以优化为：在变压器低压侧开关跳闸回路加入母联开关和另一变压器低压侧开关的常开触点，实现两个低压侧开关和母线开关的相互切换。这样，当机组停机时可以停运一台变压器。

对机组安全运行影响小的变压器，如照明变压器、检修变压器、办公楼变压器、生活区变压器、厂前区变压器等，可以优化为由单台变压器单独供电，另一台变压器明备用。这样可以节省一台变压器的综合损耗。

四、主变压器冷却器的运行优化

应根据环境温度变化和机组负荷水平，合理控制变压器上层油温在 30～60℃之间；尽量减少运行冷却器数量，以实现节电；对强迫油循环变压器，油循环应注意保持均衡；对空载热备用的风冷变压器，如启动备用变压器等，可停止冷却器风扇运行，联锁切至自动位置，靠油温自动联启。例如，一台 1000MW 机组的主变压器为 500kV 单相变压器，其每台单相变压器共设计有四组冷却器，每组冷却器有一台潜油泵和三台冷却风扇。一台潜油泵的功率为 3kW，一风扇的功率为 2.2kW，每组冷却器共计 9.6kW。其设计方式为正常两组运行，一台辅助方式、一台备用。当负荷高于 750MW 时，辅助方式的冷却器组投入运行。但在春、冬季，只要保持两组冷却器运行，就可控制变压器上层油温在 50℃ 以下运行，而没必要投入三组运行。为此，可将方式优化为：正常仅两组冷却器运行，当温度超过 55℃ 时，再投入第三组冷却器运行。方式优化后，每台主变压器每小时可节电 $3 \times 9.6 = 28.8 \text{kWh}$。

2.10.3 外购电运行优化

发电厂外购电的费用支出是非常大的，所以节省外购电也是发电厂重要的节能措施。各个电厂有不同的外购电形式，具体优化为：

(1) 对启动/备用变压器运行方式进行优化，减少启动/备用变压器的运行时间和启动/备用变压器所带的负荷。

1) 对明备用方式启动/备用变压器的运行优化。此种运行方式可以将启动/备用变压器优化为冷备用的运行方式，机组厂用电切换时通过快切装置合上启动/备用变压器高、低压侧开关，节省启动/备用变压器的空载损耗。但此方式必须考虑高压侧合入时变压器励磁涌流的冲击，可能会使厂用电切换失败。所以，在厂用电快切装置中应考虑装设涌流抑制器。最好在机组建设阶段考虑此种方式，投产后的机组再进行改造风险较大。

2) 实现机组之间的高压厂用电互联运行。第一种办法是在启动/备用变压器的低压侧增加开关及备用母线段。当一台机组停运时，通过快切将厂用电切至启动/备用变压器带；如果运行机组负荷与停运机组负荷之和小于高压厂用变压器容量，则可以由运行机组带停运机组的厂用电，将启动/备用变压器转成冷备用的运行方式。第二种办法是针对发电机出口无断路器的机组，将不同机组的厂用电母线互联。正常运行时，互联间隔处于检修状态；在事故或一台机停用的状态下，由相邻运行机组通过互联电缆送电至停运机组厂用母线带出部分负荷，以减少启动/备用变压器的外购电量。

(2) 对于发电机出口无断路器的机组，在启动并网后，应尽早切换厂用电由本机带；同理，在停机过程中，由本机供厂用电切换为启动/备用变压器供电的操作要相对推迟。

(3) 对于由两台或多台机组公用或供电的公用变电源、输煤电源、脱硫电源、化水变电源、检修变电源、办公楼电源、码头电源、生活区电源、照明变电源、空气压缩机电源和上煤皮带电源等，当一台机组停机或检修时，可将其负荷或电源倒由运行机组所带的厂用母线带出，尽量避免由启动备用变压器电源供电，以减少外购电量。

(4) 根据各省所在电网电价，外购电采用错峰用电方式，避开高峰，降低成本。

(5) 停用机组的闭式冷却水回路，应关闭已停辅机的冷却水，减少闭冷泵的功率消耗。有条件的单位要通过改造将两台机的闭式冷却水联络起来，将相邻运行机组的闭冷水供至停运机组闭冷水系统，将停运机组的闭冷水泵尽早停止运行，以降低外购电量。

(6) 机组停运后的主要辅机和辅机冷却系统停止运行的操作要建立停用标准，明确从解列开始计时直至许可停止运行的最佳时间。规范机组停备期间的节能运行方式和技术要求。

2.10.4 照明运行优化

一、生产厂房照明整改优化

生产厂房照明若为无任何防护功能的普通灯具，其照明效果较差且耗电量大。对工作场所照明的整改建议是：①将所有150W及250W高压汞灯更换为150W气体放电灯具；②将电缆沟内所有白炽灯更换为低电压的气体放电灯具；③脱硫烟道照明采用新型无极照明灯具；④小型基建项目全部按照节能灯具进行设计和施工。

二、生产厂区照明管理

采用智能开关对厂区路灯根据季节情况进行控制，自动调整开关时间，避免人为频繁调整照明时间，防止照明过早启动从而造成不必要的浪费。将办公场所楼道及机房楼道照明更换为节能灯具，节能效果明显。厂区照明根据节假日和平日采取两种照明方式。节假日所有照明灯和景观灯全部开启，营造节日气氛；平日路灯隔盏使用，非主要道路双侧灯半侧停用等。楼道照明和给煤机内照明采用人体感应智能开关。

对于成组控制的照明回路，根据现场采光要求，可以单设开关或将灯管取下，需要时再行安装。

对于无人值守的泵房、分控室等场所，应对室内照明进行优化，即日常保留部分灯长期点亮，其余灯具按照人来灯亮、人走灯灭的原则控制。为达此目的，应将相应照明开关贴上带使用说明的标签。在确定长亮灯时，应以保证人员安全及工业电视需要为准则。

关于全厂的照明管理，应有制度保证和具体要求。每一路照明都要优化处理，要有必要的节能提示和标签说明。

3

机组经济运行案例分析

3.1 亚临界 600MW 机组的低压缸改造

3.1.1 问题提出

某厂 600MW 亚临界机组，满负荷 600MW 工况下，5 段抽汽运行的最高温度为 295℃，设计值为 241.4℃，超温达 53.6℃；6 段抽汽运行的最高温度为 215℃，设计值为 144.2℃，超温达 70.8℃；5、6 段抽汽温度超标造成热耗损失约 48kJ/kWh，直接影响低压缸效率。汽轮机低压缸 5、6 段抽汽超温影响机组安全、经济运行。

3.1.2 改造方案

在机组大修中，揭低压缸内缸发现内张口 1mm 左右，结合面存在变形，低压缸进汽通过变形的内缸水平结合面短路直接到 5、6 段抽汽口，造成部分蒸汽未做功就直接到了抽汽口，导致 5、6 段抽汽超温现象发生。决定将低压内缸返制造厂进行改造，在低压内缸蒸汽入口处，进汽导管与承接管之间的连接螺栓改为热紧螺栓；将低压内缸上半两侧的工艺孔由双孔改为单孔，更换盖板和螺栓；在低压内缸水平中分面处的适当位置（无螺栓的位置）增加密封键；低压缸两端的隔板套螺栓缩短、加粗，并改为热紧螺栓；隔板套适当位置增加密封键。

3.1.3 改造效果

低压内缸改造后降低热耗约 48kJ/kWh，降低供电煤耗约 1.5g/kWh。年节约标准煤 5180t，节约燃料采购成本 200 多万元，当年即收回改造成本，并有 150 多万元改造节能效益。具体改造效果见表 3-1。

表 3-1　　　低压缸改造前后 5、6 段抽汽的温度对比　　　　　　　　℃

名称	设计温度（600MW）	改造前温度（600MW）	改造后温度（600MW）
5 段	241	295	242℃（↓53）
6 段	144	215	161℃（↓54）

3.2 高、中压缸隔板和轴封汽封改进

3.2.1 问题提出

某电厂 600MW 亚临界机组，运行中发现各级抽汽温度存在很大程度的超温，机组热耗偏离设计值过大。为降低汽轮机热耗，提高机组效率，定于在机组大修过程中对机组高、中压缸隔板和轴封汽封进行改造，汽封形式考虑采用布莱登汽封及接触式汽封等。

3.2.2 改造方案

某厂 600MW 亚临界机组大修时采用了布莱登汽封及接触式汽封，其中布莱登汽封改造实施方案如下：

高压缸隔板汽封	10 道
高压进汽汽封	4 道
高压平衡环汽封	5 道
高压缸电端内汽封	4 道
高压缸调端内汽封	4 道
中压缸隔板汽封	9×2 道

共计 45 道汽封采用布莱登汽封技术进行改造。

接触式汽封改造方案：高、中压缸电、调端外汽封各 1 道；低压缸电、调端内汽封各 2×1 道。共计 8 道汽封改造为接触式汽封。

3.2.3 改造效果

布莱登汽封改造后，煤耗降低约 2.0g/kWh。改造后未发生启停机振动等异常现象。接触式汽封改造后，汽轮机轴封溢流阀由常开变为常闭，轴封需汽量明显减少，真空严密性达到 200Pa/min 以下，效果明显。提高真空 0.3kPa，降低煤耗约 0.6g/kWh。

3.3 高、中压缸进汽插管改造

3.3.1 问题提出

某厂 600MW 亚临界机组大修前，汽轮机 2 段抽汽和高压缸排汽运行最高温度为 334℃，比设计值高 19.6℃（高压缸排汽流量为 1644.77t/h）。汽轮机高压进汽插管采用的是活塞环结构，该结构是由 3 个有开口的密封环装入插管的槽道内，作为进汽管和高压排汽区域之间的密封结构。由于密封环有缺口，因此漏汽无法避免，从而造

成2段抽汽和高压缸排汽温度超标，严重影响了高压缸的效率和整机的经济性。

3.3.2 改造方案

将原结构（活塞环的密封结构）改为叠片形式；原插管更换为新形式，即对亚临界机组高、中压缸进汽插管原结构进行优化，采用目前的超临界技术进行改造。将高压内缸返厂做补充加工。高压插管现场焊接，相关的密封结构现场安装。

叠片式密封由大密封片和小密封片间隔组成，内环、外环分别形成密封面，叠片端面间也形成密封面，密封效果更优。叠片密封随动调整性好，产生的附加影响小，但结构相对复杂。

3.3.3 改造效果

据制造厂家计算，改造后降低机组热耗26～50kJ/kWh。

3.4 汽封间隙调整优化

3.4.1 问题提出

为进一步提高汽轮机热效率，降低热耗，对汽封间隙进行合理调整。

3.4.2 改造方案

一、低压缸主要工作

（1）更换叶顶及隔板汽封为哈尔滨汽轮机厂生产的新汽封，并将叶顶、隔板汽封更换调整间隙至厂家设计下限值或比下限值小0.05mm。

（2）隔板、叶顶汽封调整：先测半缸和全缸抬高量，不放转子扣一遍上下部套；然后进行半实缸压铅丝初调下部套间隙，再进行全实缸压铅丝调上半缸间隙，共进行三遍全实缸调整后间隙合格。

二、中压缸主要工作

（1）更换叶顶汽封为哈汽新汽封，并将叶顶汽封更换调整间隙至厂家设计下限值或比下限值小0.05mm。

（2）隔板、叶顶汽封调整：先半缸压铅丝确定底部汽封间隙，根据第一遍半缸结果初调，第三遍半缸底部汽封间隙基本合格；然后扣上部套并压铅丝，确定上部汽封间隙，根据压铅丝数据初调，第二遍扣上部套基本合格；全实缸压贴胶布调整，共进行五遍全实缸调整后间隙合格。

三、高压缸主要工作

（1）更换叶顶汽封为哈尔滨汽轮机厂生产的新汽封，并将叶顶汽封更换调整间隙至厂家设计下限值或比下限值小0.05mm。

（2）隔板、叶顶汽封调整：先半缸压铅丝确定底部汽封间隙，根据第一遍半缸结果初调,第三遍半缸底部汽封间隙基本合格;然后扣上部套并压铅丝,确定上部汽封间隙,根据压铅丝数据初调,第二遍扣上部套基本合格;全实缸压贴胶布调整,共进行五遍全实缸调整后间隙合格。

3.4.3　改造效果

与改造前相比,改造后降低机组热耗 30~50kJ/kWh。

3.5　抽真空管道加冷却装置

3.5.1　问题提出

某厂 600MW 亚临界湿冷闭式循环机组,在夏季真空泵工作液温度可达到 35℃以上,此时真空泵的抽吸能力急剧下降,严重影响凝汽器真空。为了进一步提高汽轮机真空,解决夏季真空泵恶劣工况运行问题,在抽真空管道加装冷却装置,可以较好地解决问题。

3.5.2　改造方案

在抽空气管道上安装一冷却器,采用部分化学补充水在冷却器内经雾化与凝汽器来的混合气体进行换热,使混合气体内的水蒸气凝结,并与雾化水一起经冷却器底部疏出,进入凝汽器热井。抽空气管道以切向方式进入冷却器,使混合气体沿冷却器罐体内壁螺旋式旋转并与雾化水逆流接触。混合气体内的水蒸气在冷却器内凝结,剩余的空气从冷却器顶部流出,经下游的抽空气管道进入真空泵。

3.5.3　改造效果

经过抽空气管道上安装冷却装置改造后,相同参数条件下投入抽真空冷却装置,真空可提高 0.2~0.3kPa。

3.6　中速磨煤机喷嘴环、密封装置改造

3.6.1　问题提出

某些磨煤机石子煤排放量大且其中含有较多原煤,通过设备改造,降低石子煤排放量,减小系统阻力,降低磨煤机单耗;精简检修工艺,提高设备可靠性。

3.6.2　改造方案

一、喷嘴改造

(1) 由全新的动环、静环替代原有的喷嘴环座、喷嘴和喷嘴压板及托盘分段法兰等。静环设计为可拆卸式,以便于以后的检修工作。

(2) 待磨煤机传动盘及传动轭拆除后,将磨煤机静止喷嘴环改为旋转喷嘴环。

其中，动环与磨盘底盘连接在一起（可提前在已更换下的磨盘进行），静环固定在机壳上。

二、碳精密封改造
待原石墨碳精环及壳体拆除清理完毕后，安装新石墨碳精环及壳体。

三、其他相关部件改造
（1）磨辊辊架防磨板移至磨辊迎风侧。

（2）磨煤机顶部分离器折向门开度方向改为与原方向相反的位置，重新定位、调整，以适应磨煤机内部风向的变化。

（3）制作相应的石墨碳精环处的密封风管路，以配合改造后的密封装置。

3.6.3 改造效果
石子煤排放率降低到0.5%以内，磨煤机出力提高，一次风携带能力增强，制粉系统单耗及检修费用均有所降低。

3.7 锅炉定排扩容器排汽（水）回收方案

3.7.1 问题提出
亚临界（汽包）锅炉一般配有连续排污和定期排污系统。连续排污汽水混合物经连续排污扩容器分离后，饱和水排至定期排污扩容器进行二次分离。锅炉定期排污系统接自锅炉下集箱，直接排入定排扩容器。除正常锅炉排污外，接入定排扩容器的还有除氧器底部放水、高压加热器壳体放水、生水及采暖加热器疏水、暖风器疏水、吹灰器管道疏水、冬季露天防护疏水和锅炉本体疏（放）水等。在定排扩容器中，饱和水排至定排水池，蒸汽排入大气。因此，定排扩容器长年排水、排汽，其水量和热量的损失不容低估，同时长期排汽也对现场作业环境有影响。

3.7.2 改造方案
定排扩容器排水（汽）回收方案分两部分，即定排扩容器排汽回收和定排水池水的回收：

（1）将生水喷入锅炉定排扩容器，达到回收蒸汽和降温的目的。

（2）用新增回收水泵将扩容器排水利用原空气预热器冲洗水管道送到原空气预热器冲洗水箱储存。

（3）用新增供水泵将原空气预热器冲洗水箱储存水供化学制水用。

3.7.3 改造效果
完全回收定排系统排空蒸汽，实现汽水回收再利用，降低全厂补水率，回收至化学制水系统时，同时实现部分热量回收。

3.8 引风机液态电阻变速改造案例

3.8.1 问题提出

某电厂生产厂用电率偏高,特别是在供暖运行工况下,两台引风机耗电量明显偏大,且作为全厂最大的厂用负荷,引风机在启动时,对厂用母线电压的影响和电动机的冲击均较大。

引风机铭牌参数如下:

型号:YKK710-6-W	额定功率:1800kW	额定电压:3000V
额定电流:402A	定子接线方式:Y	额定转速:983r/min
转子电压:1533V	转子电流:715A	转子接线方式:Y
绝缘等级:F	额定频率:50Hz	功率因素:0.907

引风机调节方式为挡板调节。

3.8.2 改造方案

利用机组大修机会,对两台引风机电动机转子进行液态电阻调速改造。

液态电阻调速装置参数:

型号:YQL-DL-2000　　　使用功率:1800kW

适用电动机转子:2000V/850A　冷却水量:≤20t/h

3.8.3 改造效果分析

在该机组两台引风机进行液态电阻调速后,进行了能耗分析比对试验。对同期、相同供热工况下改造前与改造后的机组引风机的能耗情况进行比较,从而对液态电阻调速改造项目进行节电量、投资回收年限等综合经济评价。

一、试验结果及分析

供热负荷下挡板调节和液态电阻调速调节引风机系统的输入功率对比计算见表3-2。

表3-2　液态电阻调速调节引风机系统的输入功率对比计算

机组负荷率 (%)	引风机	有功功率 (kW)	无功功率 (kvar)	功率因素 cosφ	U(V)	I(A)	综合功率损耗 (kW)
82 (改造后)	1号	817.2	1001	0.775	3100	199.1	877.3
	2号	831.6	1188	0.819	3200	210.6	902.9
82 (改造前)	1号	1227.6	1089.9	0.664	3200	270	1292.3
	2号	1230.3	1110.5	0.670	3200	271	1297.0

由表 3-2 可见，在机组负荷率为 82% 时，改造后机组引风机和改造前机组引风机相比较，实测有功功率节省约 33%，综合功率损耗节省约 31.3%，节省电量 810kW；比较同期、同运行工况下，该机组两台引风机改造前后数据，平均节能约 40%。

二、试验结论

（1）在机组处于供暖工况下，两台引风机系统液态调速调节比挡板调节分别减少综合输入功率 810kW。

（2）以该机组目前的运行负荷情况，每年至少节约电量约 460 万 kWh，直接经济效益约 196 万元，投资回收期为 0.82 年左右。

（3）与电动机直接拖动相比，引风机系统改为液态电阻调速后启动平滑，对电网和电动机的冲击较小，也无变频器带来的谐波、轴电压、脉动转矩等的影响。由于电动机的启动电流大大减小，正常运行时电流和功率也减小 1/3 左右，电动机的温升减小，延长了电动机的使用寿命。

总之，该机组液态电阻调速改造后节能效果显著、厂用电率明显降低，避免了直接启动对母线系统和电动机及引风机的冲击，延长了设备寿命，提高了机组自动控制系统的品质。

3.9 凝结水系统节能降耗综合改造

3.9.1 问题提出

某电厂两台超临界 600MW 机组，由于凝结水泵设计扬程余量较大，调整门节流调节时压降过大，额定负荷时调整门节流扬程占整个泵扬程的 36.06%，低负荷时节流更加严重，为此进行了泵体通流和变频的综合改造，取得了较好的经济效果。

3.9.2 改造方案

该电厂在国内首次对 10LDTNA-6PC 型凝结水泵进行节能优化改进，将工频备用泵第四级叶轮拆除，保留的 4 个次级叶轮外径车削，并根据改造后的电动机功率重新匹配合适的变频器，改后运行节电效果显著，取得了较好的投资效益比。

改造后由于凝结水泵低转速运行振动大，最低运行转速受到限制，在机组降负荷至 350MW 后仍需采用节流调节，变频效果不能得到充分发挥。此外，又利用机组停备机会将变频运行的凝结水泵转子与通流改造后的凝结水泵转子进行了调换，实现了正常负荷调整时全程变频调节运行。

按原设计，除氧器水位调节站旁路电动门正常处于关闭状态。经过系统测试发现，变频和通流改造后运行时除氧器水位调节站前后仍有 0.07～0.12MPa 的节流，为此，将原关闭时间为 2min 以上的电动头更换为关闭时间为 1min 的电动头，旁路门开启运行，凝结水泵耗电率进一步降低。

首先完成了 A 凝结水泵变频改造，根据泵组振动情况，将最低转速暂定为 1000r/min，对应负荷为 350MW。随后对 B 凝结水泵进行通流部分改造，对泵的性能和管道阻力进行了测试。根据诊断测试结果，确定容量选择原则为：只考虑设备老化、性能下降及正常的管道系统泄漏，不考虑特殊情况，以达到最佳节能效果。通过利用原叶轮、导流壳进行通流改造，采用空装和假套替代的办法将第四级叶轮拆除，将保留的 4 个次级叶轮外径车削 2.67%；通过改变叶轮与导叶叶片进出口关键型线及导叶喉口面积，不但改善了叶轮进出口流动，提高了泵的效率和空蚀性能，而且可使叶轮内的液流均匀对称，消除水力原因引起的振动，提高泵的稳定性。

3.9.3 改造效果

改造后泵的最高效率从 77.79% 提高到 82.17%，扬程下降了 60～85m，电功率下降了 340～490kW，平均每小时可节电 400kWh 以上。

在停备期间将两台泵转子互换，最低转速降至 850r/min 运行，实现了 40% 负荷以上全部变频调节。此次改造后变频运行工况，电功率平均每小时下降 110kWh。

通过更换为关闭时间更短的电动头，实现了旁路电动门开启运行方式，取得了平均每小时节电 40～50kWh 的效果。

通过以上综合改造，75% 负荷率时凝结水泵耗电率由改前的 0.42% 下降至目前 0.17% 的先进水平。

凝结水泵节能改造一般有变频和通流改造两种途径。该电厂通过科学的分析，尝试在一台泵上同时进行两项改造并取得了可观的经济效益。在变频改造的基础上，A 凝结水泵进一步实施通流改造后，泵效率比改前平均提高了 4% 以上，每小时可节电 85～130kWh。按平均每小时节电 110kWh，年运行 7000h 计算，每年可节电 77 万 kWh。由此证明，凝结水泵改变频后，再实施泵的通流部分改造的节电效果是较为明显的，值得推广应用。

凝结水泵实施综合改造后，变频运行工况下额定负荷时的最大电功率只有 1288kW，这对今后凝结水泵节能优化改进、合理选择变频器的功率具有指导意义。通过该电厂凝结水泵全面节能优化改进的实践证明：对大型调峰机组的定速凝结水泵的节能优化方案，应该是先进行凝结水泵的节能优化改进，解决泵本身的配套性和提高运行效率后，再实施电动机的变频改造或同时进行，这样一方面可以大大减小变频器的功率，节约变频器的改造费用；另一方面还可达到最佳的节能效果。此次改造对同类型机组具有可借鉴性。

3.10 汽动给水泵前置泵能耗大的治理

3.10.1 问题提出

某电厂超临界 600MW 机组，汽动给水泵前置泵因设计扬程偏大，自投产以来一直存在低流量时转子抖动窜轴的问题，多次造成机械密封、非驱动端推力轴承损坏和机械密封冷却腔密封垫泄漏，严重时出现"啃轴"，正常运行时非驱动端轴承温度经常高达 65～70℃。经了解，该产品在其他电厂的使用状况与该电厂相似，在安全性上都存在同样的问题。

3.10.2 改造方案

改造的思路主要是削减扬程，提高水泵的低负荷稳定性；在保证负荷最大时轴承温度不超标的情况下，调整轴承游隙。

具体实施方案如下：

（1）采用车削办法，削减扬程将泵改小，减少低流量时轴向力与径向力波动和增大的问题，提高转子的刚度和流动稳定性。

（2）进行泵的通流部分改造，对原叶轮和蜗壳局部关键型线进行优化改进，以提高泵的效率与汽蚀性能。

（3）将叶轮与轴的滑动配合改为过渡配合，增强转子的稳定性。

（4）对冷却腔进行加装 2 道耐热胶圈的密封改进，解决经常泄漏的问题。

（5）调整推力轴承游隙，控制在 0.10～0.15mm，并将轴承外圈压死。

（6）高标准严要求进行检修组装。

（7）经过计算，改造后主泵必需汽蚀余量具有足够的安全系数。

3.10.3 改造效果

改造后汽动给水泵前置泵一次启动成功，运行安全稳定，轴承无异音。改造前机组满负荷汽动给水泵前置泵电动机电流为 58.61A，改造后电流为 40.1A，下降了 18.51A。机组在各种负荷时水泵转子均无窜轴现象，且运行平稳、振动小，轴承温度、轴承噪声都比改前有很大的改善，非驱动端轴承温度比改前降低了 8℃，从根本上解决了低流量工况下转子抖动、窜轴及冷却腔泄漏问题，大大提高了汽动给水泵前置泵的安全稳定性。

虽然叶轮外径平均车削了 18.3%，但泵经过通流部分改造，对原叶轮和蜗壳局部关键型线采用特殊加工方法进行了优化改进，采用"高效鱼头形"叶型，不但弥补了叶轮车小后效率下降的缺陷，还使泵的效率提高了 5%～7.5%，最高运行效率达 83.09%，居国内先进水平；此外，改后 Q—H 曲线更加平直，有利于稳定性和流量调节。

改后虽然泵扬程下降了 46～49m，但设计工况下泵扬程还有 91m，加上汽动给水泵前置泵入口有效倒灌高度 11.3m，可用汽蚀余量 $NPSH_a$ 仍有 102.3m，为主泵必须汽蚀余量 $NPSH_r$（45m）的 2.27 倍，汽动给水泵前置泵的扬程完全可满足汽动主泵的汽蚀性能要求，且安全、可靠。

在正常运行工况下，汽动给水泵前置泵的电流下降了 17～18.5A，电功率下降了 160～200kW，按全公司 2009 年平均负荷率 80%计算，一台汽动给水泵前置泵平均每小时可节电 160kWh；按机组年平均运行 7140h 计算，则年节电 160×7140=114.2 万 kWh。全厂四台汽动给水泵前置泵，改造后一年可节电 456.8 万 kWh，按平均上网电价 0.40 元/kWh 计算，可增加上网电量收入 182.72 万元。另外，由于汽动给水泵前置泵机械密封泄漏、端面泄漏问题的根治，汽动给水泵组停运次数大幅减少，同时带来了可观的间接效益。

3.11 电动给水泵改汽动给水泵的技术经济比较

3.11.1 问题提出

某电厂两台 600MW 机组采用型号为 NZK600-16.7/538/538 的亚临界、一次中间再热、单轴、三缸四排汽、直接空冷凝汽式汽轮机。

工程在初设时设计为每台机组配备 3 台 50%容量的电动调速给水泵，正常运行时 2 台运行，1 台备用。在后期设计阶段，针对该厂所在地区气候条件及空冷机组的设计特点，通过技术经济比较，决定将原设计改为 2 台 50%汽动给水泵＋1 台 30%容量电动调速给水泵，正常运行时 2 台汽动给水泵运行，电动给水泵备用。汽动给水泵故障时启动电动给水泵。

3.11.2 方案变更的比较

设计方案的变更主要基于节能降耗而考虑。从厂用电、煤耗和机组的经济性方面进行技术经济比较，最终确定使用汽动给水泵的方案。通过计算，电动给水泵改汽动给水泵后主要在以下几个方面发生变化。

一、厂用电的分析比较

根据热平衡计算，对汽动给水泵和电动给水泵在不同负荷下的热平衡进行了初步的比较，按照电动给水泵扣除给水泵功率、汽动给水泵扣除辅机功率增量的原则，根据假定的负荷模式（100％ 3500h、75％ 2000h、50％ 2000h）计算，改为汽动给水泵方式后，每台机组每年可增加输出电量1100万kWh，降低厂用电率接近2个百分点。

二、煤耗和机组效率的分析比较

改用汽动给水泵后，在THA工况下，汽轮机效率由原来的42.97％提高到43.07％；在50％THA工况下，机组效率由39.558％提高到39.589％。可见，在50％～100％THA工况下，采用汽动给水泵对于整个机组的经济性是有利的，具体计算结果详见表3-3。

表3-3　　　给水泵不同驱动方式的机组性能参数（进汽量相同）

工况	THA		TRL		T-MCR		VWO		75％THA		50％THA	
项目	电动给水泵	汽动给水泵	电动给水泵	汽动给水泵	电动给水泵	汽动给水泵	电动给水泵	汽动给水泵	电动给水泵	汽动给水泵	电动给水泵	汽动给水泵
功率（kW）	599997	586589	603724	584910	635058	619968	656199	639308	450003	440785	300004	292170
功率差（kW）	13408		18814		15090		16891		9218		7834	
背压（kPa）	18	18	36	36	18	18	18	18	18	18	18	18
进汽量（t/h）	1872	1872	2000	2000	2000	2000	2080	2080	1358.7	1359	939.27	939.27
给水温度（℃）	275	274.8	274.9	274.7	279.3	279.1	281.8	281.6	254.3	255.3	233.6	234.4
给水泵汽轮机用汽量（t/h）		75.74		97.45		84.88		91.27		52.38		45.23
给水泵汽轮机背压（kPa）		9		13.8		9		9		9		9
泵用电量（kW）	15152		16125		16463		17140		12121		7627	
泵轴功率（kW）	11884	13675	12647	16261	12912	15458	13443	16706	9507	9031	5982	7139
毛热耗（未扣泵功）（kJ/kWh）	8166	8358	8585.2	8815.2	8135.9	8348.5	8123.2	8345	8345.8	8508	8869.2	9093.4
净热耗（扣除泵功）（kJ/kWh）	8377	8358	8821	8815.2	8352	8348.5	8341	8345	8577	8508	9101	9093.4
净热耗差值（kJ/kWh）	19		6		4		−4		69		7	

续表

工况 项目	THA 电动给水泵	THA 汽动给水泵	TRL 电动给水泵	TRL 汽动给水泵	T-MCR 电动给水泵	T-MCR 汽动给水泵	VWO 电动给水泵	VWO 汽动给水泵	75%THA 电动给水泵	75%THA 汽动给水泵	50%THA 电动给水泵	50%THA 汽动给水泵
管道效率（%）	98	98	98	98	98	98	98	98	98	98	98	98
锅炉保证效率（%）	93.87	93.87	93.62	93.62	93.62	93.62	93.67	93.67	93	93	92.5	92.5
机组发电设计标准煤耗（g/kWh）	304	311	320	329	303	311	303	311	313	319	335	343
厂用电率（%）	8.17	6.17	8.17	6.17	8.17	6.17	8.17	6.17	8.17	6.17	8.17	6.17
机组供电设计标准煤耗（g/kWh）	331	331	348	350	330	332	330	331	341	340	364	366
锅炉最大出力（t/h）	2080	2080	2080	2080	2080	2080	2080	2080				
机组裕度（%）	10.0	10.0	4.5	3.8	3.8	3.8	0.0	0.0				
效率（%）	42.97	43.07	40.813	40.839	43.101	43.122	43.16	43.14	41.974	42.32	39.558	39.589
汽耗率（kg/kWh）	3.121	3.192	3.3128	3.4193	3.1493	3.226	3.1698	3.2535	3.0194	3.083	3.1309	3.2148

此外，给水泵驱动方式的改变，为厂用电电压等级由 10kV 降到 6kV 提供了充分的条件。发电机—变压器组高压厂用电只设 6kV 一个电压等级，结构简单，运行安全可靠，节省投资。原设计高压厂用变压器为两台 10kV、52MW 分裂绕组变压器，优化后为一台 6kV、63MW 分裂绕组变压器和一台 6kV、22MW 双绕组变压器，节约了大量投资。

3.12 空冷凝汽器安全、经济运行方案

3.12.1 问题提出

空冷凝汽器是直接空冷机组冷却系统的主要装置，受环境的温度、风场影响很大，因此，制订一套有效的优化调整、维护方案，对保障机组的安全、经济运行非常必要。

3.12.2 空冷凝汽器安全、经济运行方案

冬季适当降低空冷风机的最低转速限制，提高其空冷防冻能力。在空冷风机监视画面增加空冷风机瞬时功率显示值，利于运行人员进行调整。

某 600MW 直接空冷机组增加了背压高自动减负荷功能，在下列情况下，自动减负荷功能动作：①机组负荷大于 400MW，背压升高速率大于 1.5kPa/30s；②背压高于报警值且背压升高速率大于 1kPa/30s；③背压达到保护定值，且持续 10s；④机组负荷小于 480MW，背压高于 61kPa。自动减负荷功能动作时，汽轮机自动减负荷至 310MW，锅炉保留最低层三台磨煤机运行，总煤量以 150t/h 的速率降至 145t/h。

环境温度在 0℃ 以下，设定背压为 8kPa，空冷风机运行频率控制在 20～50Hz，执行空冷防冻措施后，所有空冷风机运行频率为 20Hz，任一列抽空气温度低于 5℃时，按照由外向内的顺序停运空冷风机。

环境温度在 0～20℃ 之间，设定背压为 7.5kPa，空冷风机运行频率为 20～50Hz，禁止空冷风机超频运行。

环境温度高于 20℃，机组背压高于 12kPa，机组负荷大于 450MW 时，空冷风机运行频率可以升至工频或超频。

运行中加强机组背压监视，注意环境风速、风向的变化情况。当环境风速大于设计风速，机组实际背压值与停机保护报警值的差小于 5kPa 时，适当降低机组负荷，保证实际背压值小于报警值 5kPa 以上。

每班检查空冷变频器及配电装置，保证电气系统工作正常。

运行每天至少对空冷凝汽器全面检查一次，保证空冷风机运行正常，空冷系统密封良好。点检每天对空冷岛检查一次，保证空冷风机振动、声音及空冷系统密封正常。

定期检查空冷减速机油位及风机叶片 U 形卡子，保证空冷风机工作正常。

每月进行一次真空系统严密性试验，发现泄漏量超标（大于 100Pa/min）或超过上次试验结果时，进行分析并对真空系统进行查漏；泄漏处理完后再进行一次严密性试验，保证真空严密性试验结果在合格范围内。

每年 2～10 月之间，每月对空冷凝汽器表面冲洗一次。当发现凝汽器表面污染严重时，根据空冷凝汽器表面污染情况及时进行冲洗。

除空冷岛在定期检查期外，尽量关闭空冷岛下部主变压器区域及空冷平台上的照明，防止昆虫和小动物进入空冷凝汽器 A 型架内，造成堵塞。

3.13 空冷机组基于背压修正的滑压曲线优化

3.13.1 问题提出

空冷机组在夏季高温天气下的真空比其他季节低，滑压曲线斜率在中间负荷段随负荷增加而增加，且制造厂给出的滑压曲线理论计算方法是在设计的阀门特性、通流特性、热力系统特性、设计环境条件下计算出来的，能够满足夏季高温环境高负荷运行的滑压曲线，必定在其他季节及夜间低温环境运行有很大的余量，运行不经济。因此，根据机组背压修正机组滑压曲线能够有效节能。

3.13.2 背压修正的滑压曲线的优化方案

一、背压修正的滑压曲线的优化依据

亚临界参数以上的机组设计采用定—滑—定运行方式，一般设计的起始滑参数的负荷为90%，往往不能保证其在最佳的阀位，而在滑压运行区内，给定负荷与给定主蒸汽压力成固定的关系，往往也不能保证在最佳的滑压方式。特别是对于空冷机组来讲，由于机组运行过程中背压会大幅度变化，相同负荷下，机组运行的阀位会发生较大的变化，更无法保证滑参数运行处于最佳的方式，所以也影响到机组滑参数运行的经济性。因此，在机组配汽特性调整的基础上，确定出机组滑参数运行的最佳阀位，并通过合理的控制方式来实现机组定—滑—定方式的优化控制。

滑压运行是目前采用的一种经济运行方式，主要考虑两方面的影响：在低负荷时，汽轮机离开了经济运行点，一方面可降低主蒸汽参数，增大调门开度，增大循环效率；另一方面，由于参数的降低，导致循环效率降低。两种因素的综合影响，必然有一个最佳的主蒸汽压力使得循环效率最高，而最佳压力曲线就是滑压曲线。采用降低蒸汽参数，降低蒸汽的膨胀做功能力，在同负荷下需增大蒸汽流量，增大调门开度，减小节流损失。但是，降低参数必然降低蒸汽的膨胀做功能力，这就存在着最佳降参数运行点的问题。最佳降参数运行点组成的曲线就是滑压曲线。

二、机组滑参数运行的基本原理

机组滑压运行时，其调节阀开度不变，即通流面积不变，根据弗流格尔公式，流量与压力、温度之间存在如下关系：

$$\frac{G_0'}{G_0} = \sqrt{\frac{(p_0')^2-(p_n')^2}{p_0^2-p_n^2}} \times \sqrt{\frac{t_0+273}{t_0'+273}} = \sqrt{\frac{(p_0'')^2-(p_n')^2}{p_0^2-p_n^2}}$$

式中　G_0——额定工况下新蒸汽流量，t/h；

　　　G_0'——变工况后新蒸汽流量，t/h；

　　　p_0——额定工况下调节级压力，MPa；

　　　p_0'——变工况后调节级压力，MPa；

　　　p_n——额定工况下高压缸排汽压力，MPa；

　　　p_n'——变工况后高压缸排汽压力，MPa；

　　　t_0'——变工况后调节级温度，℃；

t_0——额定工况下调节级温度,℃。

忽略主蒸汽温度的微小温差后,上式可简化为

$$p'_0 = p_0 \frac{G'_0}{G_0}$$

机组滑压运行时,变工况的初压随着新蒸汽流量的变化而变化,而新蒸汽流量由调节阀的开度来决定。

在已有定—滑—定滑压曲线的基础上,考虑背压变化和机组供热,折算成机组目标负荷的变化来对主蒸汽压力给定进行修正,形成可供热控系统组态数据,并增加必要的辅助控制参数,可保证系统工作的可靠性。

三、优化运行控制方案确定的原则

(1) 调整机组配汽机构的流量非线性补偿特性,使机组汽门的重叠度和重叠范围合理,保证在滑压运行的阀位点附近运行调节特性良好。

(2) 调整机组的配汽机构,使机组在阀位附近有明显的高效运行区,保证机组滑参数运行的经济性。

(3) 滑压运行时,机组一次调频能力满足电网要求。

(4) 保证调峰运行工况下给水系统、设备运行的安全稳定性。

(5) 在满足机组调节特性、调频性能要求和运行安全性的条件下,最大限度地提高机组运行的经济性。

四、机组起始滑参数运行阀位的确定

机组设计采用复合配汽控制方式,三阀同步开启,第四阀顺序开启,因此滑参数运行的点拟在三阀点附近。试验表明,各调节阀开到 60% 时,已达到最大通流能力,因此滑参数的阀位点拟在三个阀接近 60% 的开度。

由于机组实际运行时主蒸汽压力以表压方式进行控制,当以表压 16.7MPa 作为运行定压控制的压力时,机组在阀位指令 60% 时,经过主蒸汽压力和背压修正后的负荷为 556MW。因此,在额定初、终参数下的起始滑参数运行负荷为 550MW。

五、实施难点

由于直接空冷机组背压随外界环境变化较大,不同负荷下背压对负荷的影响程度不同,因此其滑压修正曲线为一组非线性曲线,较湿冷机组更为复杂。

六、具体优化方案

在已有定—滑—定滑压曲线的基础上,考虑背压变化折算成机组目标负荷的变化来对主蒸汽压力给定进行修正,形成可供热控系统组态数据,并增加必要的辅助控制参数,以保证系统工作的可靠性。根据上述原则确定了机组定—滑—定运行控

制方式的组态回路。

3.13.3 效果评价

通过测定高压缸效率判断阀点；再依据循环参数计算出主蒸汽压力与效率的对应关系，得出最佳运行压力与负荷的关系曲线；通过现场动态调整，精确使用滑压曲线。

调整后，滑压曲线在中间负荷段，冬季滑压比原设计滑压降低1.3MPa；除夏季高温季节，机组滑压比原设计滑压均会明显降低。根据理论计算，亚临界机组滑压每降低1MPa，机组供电煤耗至少降低1g/kWh，节能效果十分明显。

3.14 输灰系统优化案例介绍

案例一

3.14.1 系统简介

某电厂亚临界2×600MW机组的除灰系统采用正压浓相气力输送系统，用于输送电除尘灰斗中收集的飞灰。每台锅炉设3根灰管，其中包括2根粗灰管、1根细灰管。2台锅炉共用2座粗灰库、1座细灰库。一、二电场粗灰通过粗灰管输送到粗灰库，三~五电场细灰通过细灰管输送到细灰库。每根粗灰管在灰库顶部经管道切换阀均能进入2座粗灰库，粗灰库之间可互为备用。每根细灰管进入细灰库，并能在灰库顶部经管道切换阀进入粗灰库。空气压缩机共6台，为螺杆式，其中4台运行、2台备用。

锅炉为亚临界参数汽包锅炉，属于一次中间再热、四角切圆、单炉膛平衡通风、固态排渣的П型燃煤锅炉。锅炉（BMCR）燃煤量为306.2t/h（设计煤种）；除尘方式为静电除尘器；飞灰量在MCR（最大连续出力）及设计煤种下为92.65t/h；设计煤种及校核煤种均为大同煤矿集团塔山矿井生产的烟煤。

3.14.2 问题提出

问题：气力输灰系统存在输灰困难、易堵、输灰周期长、输送气源设备不可靠、管线故障较多等缺陷。

后果一：电除尘器排灰不畅，灰斗频繁高料位，电场因短路而无法运行。

后果二：积灰只能通过其下部的事故放灰管路放灰，大量灰尘外排对设备、人员、环境造成严重影响。

后果三：灰斗积灰造成电除尘器阳极板变形、阳极振打装置损坏，电除尘器电场的停运使排烟含灰量增加，造成引风机耗电量增加、叶片磨损加剧。

后果四：脱硫系统烟气换热器堵塞甚至无法运行，造成环境污染，严重时还会使机组负荷受阻、被迫降低出力。
3.14.3 原因分析
一、设计原因

（1）设计煤种与实际煤种灰分偏差较大，是造成输灰系统出力不足的主要原因。设计煤种灰分为28%，实际煤种灰分为43%～47%。

（2）磨煤机为ZGM113G型中速碗式，采用少排石子煤的方案，使入炉煤粉中含灰比例增加，进而造成烟气中含灰量增加。

（3）燃用的原煤成分中含有高岭土，使磨碗中形成一层很厚的沉积物，无法被甩出，导致磨煤机出力降低、电流增加。为保证机组负荷和锅炉燃烧燃料量的需要，被迫降低分离器转速，从而降低了煤粉细度，造成燃烧不彻底，也易产生较大颗粒的结晶体，最终使输灰系统中灰分颗粒度和灰量增加。

（4）烟气中的灰分高和燃烧后的灰分发黏，偏离了电除尘器原有的设计标准，使电除尘器的效率下降，且一电场的沉降灰量加大，造成一电场输灰困难。

（5）输送浓度与输送灰气比对输灰系统的影响：灰量的增加及颗粒度变大，使实际输灰浓度增加和输灰灰气比降低，从而造成输灰周期延长，经常发生堵灰。

二、输送系统中的设备问题

（一）除灰压缩空气系统的问题

（1）空气压缩机备用数量不足。除灰用螺杆式空气压缩机6台，设计其中4台运行、2台备用。在2台炉的使用过程中，由于调整灰气比，增加了吹扫管道空气用量，需5台空气压缩机运行才能基本保证正常输送。

（2）稳定性差。在夏季，空气压缩机（风冷）经常由于排气温度高而跳闸，造成输灰母管气源压力不稳定。

（3）补气点少。仓泵至灰库的输灰管线上只设有一个补气助吹点，在实际运行中会造成输送动力压头不足、输灰时间延长。

（二）管路故障的问题

（1）排堵阀：各电场出口的手动排堵阀由于机械限位不可靠，手动操作中易造成指示偏差，门口密封材料经常由于关不到位而被冲刷，使密封破坏，造成输灰压力不足、输灰受阻。

（2）输灰管线少。每台锅炉3根灰管，多次出现切换阀故障、管道磨穿外漏的缺陷，维修时需停2个或3个电场的输灰运行，维修时间往往在1～3h，这就增加了高料位的次数。

3.14.4 改造方案
一、根据输灰系统的问题确定三个改造重点

（1）增加仓泵容量，增设输灰管线，提高仓泵管路输送能力。

(2) 消除管路中的薄弱环节，确保管路的可靠性。

(3) 增加除灰空气压缩机的容量，保证输灰气源的稳定性和可靠性。

二、围绕改造重点确定具体方案

(1) 拆除原一电场仓泵及泵间管道，采用新型、大容量仓泵。每台仓泵均配有出口圆顶阀、物料节流板和特殊的配气及控制装置，以满足目前大量较粗颗粒飞灰输送的需要；每4台仓泵一组串联合用1根管道，每台炉新增2根DN250管道。

(2) 二电场仓泵及管道配置不变。拆除原三电场仓泵及泵间管道，安装原一电场仓泵及泵间管道，并且与二电场同侧仓泵通过切换合用原有DN200管道运行，即二、三电场输灰是利用原有一、二电场2根DN200管道输送。

(3) 将原有管线中的手动排堵阀更换为可远方控制的气动排堵阀。

(4) 将原有管线中补气管处的输灰管更换为耐磨管段。

(5) 增加与原空气压缩机系统相同容量的空气压缩机及干燥处理设备3套（2台炉，并考虑1台备用）、两个储气罐，为空气压缩机干燥机系统安装1套冷却水系统。

(6) 增大灰库原有布袋除尘器的过滤面积，1、2号灰库各增加1台布袋除尘器，增加一电场DN250库顶切换阀4套。

3.14.5 改造效果

对输灰系统改造后，机组能燃用灰分相对较高的煤种，提高了输灰系统的可靠性，确保了电除尘系统的安全性，改善了脱硫系统的工作条件，减少了引风机叶片的磨损，降低了电耗；电除尘系统和脱硫系统的正常运行使环境污染程度大大降低；机组的经济效益和社会效益明显提高。改造前后对照见表3-4。

表3-4　　　　　　　改造前后对照

项目	改造前	改造后
安全性	灰斗高料位经常造成相应电场被顶掉及振打装置故障，造成电除尘效率降低	未出现过灰斗高料位，电场投运未受影响，电除尘安全运行
可靠性	输灰时间长，经常堵灰，输灰能力不足	输灰顺畅
节能降耗	电除尘效率降低，除尘效果差，对引风机叶片磨损加剧，增加电耗；脱硫系统工作条件恶劣	延长引风机叶片寿命，降低风机单耗；进入脱硫系统前的烟气品质有了较大的提高和保证
改善环境条件	灰斗高料位时经常被迫放灰，使现场的劳动环境和条件非常恶劣	没有进行过放灰作业

案例二

3.14.6 系统简介

某厂亚临界 600MW 机组的静电除尘器采用双室五电场卧式电除尘器。每个电场 8 个灰斗，每台机组共 40 个除尘器灰斗。设计的除尘效率为 99.78% 以上。除灰系统采用气力输送方式，每台机组设 5 条输灰管道输送至终端灰库。

一电场 8 台 80MD 仓泵，容积为 $2.3m^3$，输灰管径为 DN219，分 A、B 两侧，每侧 4 个 80MD 仓泵串联运行，设计出力为 100t/h。二电场为 8 台 45MD 仓泵串联运行，容积为 $1.27m^3$，管径为 DN150，设计出力为 60t/h。三电场使用 45MD 泵，分 A、B 两侧输灰，4 仓泵串联运行，管径为 DN150，设计出力为 20t/h，四五电场采用 3.0/8AV 泵，容积为 $0.1m^3$，输灰管径为 DN125，四电场设计出力为 4t/h，五电场设计出力为 0.8t/h。所有输灰管道始端压力大于 0.3MPa，输灰管道末端压力为 0.03MPa，输灰管道始端流速为 2~3m/s，输灰管道末端流速为 8~10m/s。输送空气压力为 0.35MPa，气力输灰系统在 BMCR 工况下的平均灰气比为 42.1:1.0。一期输送距离为 380m，提升高度为 32m。

针对上述系统，选择两台机组进行输灰系统配置优化和经济运行研究工作。

3.14.7 问题提出

问题一 一、二电场输灰不畅。确认原因为煤质偏离设计煤种，燃煤灰分大于设计值。

干除灰输送系统适应性不强，导致系统发生多次堵灰现象，甚至灰斗满灰，对外放灰。若电除尘器运行不正常，烟气通过电场时，较粗的灰粒由于重力作用落入灰斗内，使灰的堆积密度发生变化。通过灰质成分分析（见表 3-5），即使是一电场正常投入运行，其灰的粒径 $d_{50}=105\mu m$ 左右，与设计条件 $d_{50}=40\mu m$ 相差很大；如果退掉一电场，灰的粒径将增至 $132\mu m$，比设计增大了 3 倍，超过了输灰的设计能力范围，需要通过减少落料时间才能达到灰的正常输送。当输送量小于沉降灰量时，灰斗料位继续上升，若为安全起见退掉一电场，将直接导致二~五电场的灰量增加，致使整个输灰系统处于不正常运行状态。

表 3-5　　　　现燃用煤种的灰质成分分析（混样）　　　　　%

煤种	SiO_2	Al_2O_3	Fe_2O_3	CaO	MgO	SO_3	Na_2O	K_2O	TiO_2	其他
混样 1	48.25	41.44	2.86	3.32	0.26	0.25	0.11	0.40	1.44	0.249
混样 2	43.66	45.25	3.00	3.64	0.31	0.2	0.11	0.38	1.50	0.28

煤质变化后干灰的物理特性见表 3-6。

表 3-6 干灰物理特性

类型	飞灰堆积密度 (kg/m³)	粒度分布对应的飞灰直径（μm）		
		<90%	<50%	<10%
设计值	750	130	40	5
实测值	780	275.308	105.3	16.479

从表 3-6 中的数据可知：干灰的颗粒度和堆积密度与设计值出入很大，影响气力输灰系统的稳定性和出力，给系统正常运行带来隐患。

问题二 一电场在尾部 MD 泵后约 100m 的延长管线堵灰频繁。

虽然对一电场各 MD 仓泵的流化风配气量及系统主输送气配气量进行了调整，逐步增加了系统供气，但效果并不理想。一电场输灰循环周期最高为 400s，落料时间为 20s。当灰量超过 115t 时，系统循环周期缩短至 200s，落料时间为 10s，但输灰依然难以保证，输灰耗气量大，流速升高，呈稀相输灰，加剧了输灰管道的磨损。管道设计采用 Q235 材质，在耐磨弯头后 1m 处磨损严重。尤其在灰库附近流速最高，弯头和直管磨损加剧，使用周期短。输灰没有达到设计工况，系统出力减小。

问题三 输灰系统压缩空气耗气量大。

耗气量比较：原系统平均启动 6 台 40m³ 的空气压缩机，计算满负荷工况下灰量和压缩空气量，计算平均灰气比为 23.3。实际上，在运行过程中，负荷在不断变化，达到满负荷的工况较少，运行在 500MW 工况的较多，核算平均灰气比为 17.99，远低于平均灰气比 42.1∶1，系统耗气量明显很大。

3.14.8 原因分析

一、系统堵灰的原因

主输送气管路在主泵插入较深、管径偏小，主泵落灰很容易进入主输送气管路内，造成管路堵塞。从输灰运行曲线上可以看出，启动初期压力上升非常快，超过系统限定值 0.35MPa，主输送气停止供气，后两个泵流化气源补气，直到系统压力缓慢降低后再启动，随着波动几次后才能正常输灰，经常造成泵间管道堵灰的现象。尾泵处的主补气管虽然较大，但出口后很难克服爬升段和栓状灰流造成的阻力，造成出口动力不足，前面的灰流动缓慢。系统沿程助气装置在尾泵出口 12m 处，以后每隔 4m 安装 1 个，共安装 20 个。由于与尾部 MD 泵相隔较远，与尾部 MD 泵输送气衔接不好，灰栓存在沉降现象，表现为管道出口动力不足，灰栓速度小于设计值 2~3m/s。出口段和爬升段经常堵灰，如图 3-1 所示。

压缩空气品质下降，气源带油、带水而使灰粒相互黏结、流动阻力骤增，也是

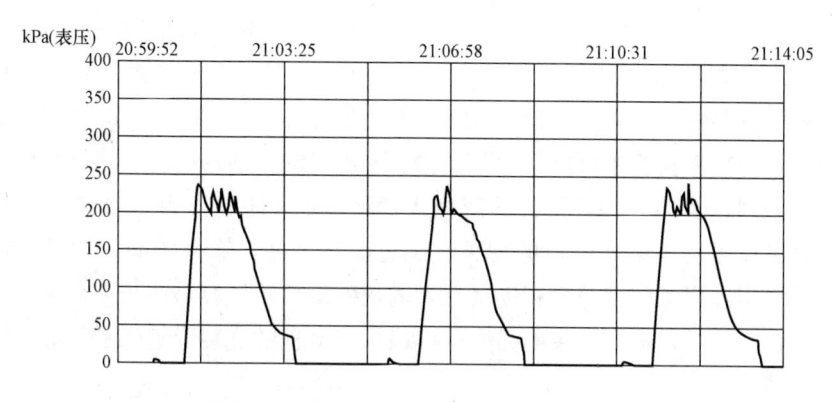

图 3-1 一电场输灰曲线

造成输灰不畅的不可忽略的原因。

由于输灰状况恶化，系统压缩空气压力逐步降低，基本维持在300~400kPa；输灰启动后，管路中压缩空气扩容，压力更低。输灰压力上升缓慢，不能满足正常输灰需求，降低了气流携带粉尘的能力，输灰周期被迫延长。

二、耗气量大的原因

省煤器输灰管线磨损非常严重，灰量为 $3m^3/h$ 左右，分A、B两路输灰。但由于灰的粒径超过 $90\mu m$，管线长，压缩空气携带能力有限，系统始终处于稀相输灰，输灰运行时间一般都在 5min 左右，系统耗气量较大。

一、二电场当输灰发送次数增加到正常输灰次数的2~3倍时，压缩空气系统母管压力逐步降低，达到300~400kPa；输灰启动后管路中压缩空气扩容，压力更低，料栓两端压差减小，输灰不畅，输灰周期被迫延长。三~五电场的情况：三电场总灰量核算为 $4m^3$，安装8台45MD泵，每台泵的容积为 $1.27m^3$，裕量非常大。系统分为A、B两侧输灰，从输灰曲线和运行压力可明显看出灰量极少，输灰时间非常短，易造成气源浪费。四、五电场的灰量非常少，原有的输灰循环周期为1200s，也容易造成气源浪费。

3.14.9 优化方案

一、主输送气变径方案

原主输送管路在主泵之前，管径为DN80，变径为DN50，管路端头处于主泵下方。将主推管道取消变径，全部为DN80，插入主泵前方的部位加工斜角结构，防止MD泵落灰涌入管线内部造成堵塞，使气流均匀进入管道，防止压力突升造成系统供气中断，保证输灰用气连续，防止系统初期输灰的沉积造成堵管现象。

二、沿程助气优化

原有一电场输灰管线的沿程助气装置从出口泵后12m处开始安装。尾泵出口段和上升管架段输灰管线没有沿程助气，4个MD泵联输时大量的灰流速较低，达不到2~3m/s的要求，出口动力不足，造成出口处堵灰现象频繁。通过实验确定将沿程助气管路安装在尾泵出口2m处，在上升坡段增加2组沿程助气阀，使料栓长度减小，防止灰在管中沉降，增强了输灰的出口动力性；同时，将尾泵至主泵的流化进气分别延时2s，保证尾泵的灰先从管路排走，防止4台MD泵的灰在短时间内达到出口而发生堵塞管道的现象。经过改造治理，输灰顺畅，效果明显。同时，实验表明：当关闭部分沿程助气后，输灰效果很差，容易堵灰，在各单元的出口增加沿程助气后，输灰效果明显变好。该系统沿程助气装置起到了关键作用，输灰能力加强。

三、输灰空气压力保护优化

在输灰控制系统增加压缩空气母管压力低于500kPa时停止干除灰系统运行的保护程序，避免压力不足引起输灰系统堵管。输灰结束压力定值为30kPa。确定了压降的压力范围并合理延时，保证了输灰管路存灰量很少，避免下一个循环周期系统堵管。

四、提高压缩空气品质

安装自动疏水器，日常维护中做好冷干机、前后置过滤器及空气压缩机气水分离器的定期清理工作。做好空气压缩机定期维护保养工作。加强设备点检，巡视差压表的压差。每天手动开关疏水旁路，检查疏水状况。储气罐安装自动疏水器和定期排水检查同时进行。通过空气压缩机系统综合治理，提高气源品质。

五、输灰循环周期调整

通过对各电场收尘和对应仓泵的输送能力计算满出力运行循环周期。灰量计算如下：假设条件为煤量为 X（吨），机组满负荷600MW，灰渣含量35%，其中一电场收尘按照1×80%计算，其余各电场均按照上一个电场剩余灰量的80%收尘计算。通过电除尘器的灰量按照87%的总灰量计算（核减掉渣量和省煤器输灰部分），灰密度按照 $0.8t/m^3$ 计算，计算情况见表3-7。

表3-7　　　　单位小时内不同煤量下各电场单泵理论收尘量

燃煤量（t）	一电场收尘率 80%	二电场收尘率 16%	三电场收尘率 3.2%	四电场收尘率 0.512%	五电场收尘率 0.1024%
200	7.6m³	1.52m³	0.304m³	0.049m³	0.0097m³
240	9.135m³	1.83m³	0.37m³	0.059m³	0.0118m³
260	9.89m³	1.975m³	0.395m³	0.064m³	0.013m³
280	10.66m³	2.13m³	0.426m³	0.068m³	0.0136m³

续表

燃煤量（t）	一电场收尘率 80%	二电场收尘率 16%	三电场收尘率 3.2%	四电场收尘率 0.512%	五电场收尘率 0.1024%
300	11.42m³	2.28m³	0.46m³	0.073m³	0.0146m³
310	11.8m³	2.36m³	0.472m³	0.0755m³	0.0152m³
320	12.18m³	2.43625m³	0.49m³	0.0775m³	0.0156m³
330	12.56m³	2.51m³	0.51m³	0.0803m³	0.016m³
340	12.94m³	2.59m³	0.52m³	0.083m³	0.0165m³

根据表 3-8 中的理论收尘量，计算单泵输灰量与循环周期的关系，结果见表 3-8。

例如，一电场 MD80 泵，仓泵容积为 2.3m³，充满系数为 0.8，灰的松散密度为 0.8～0.9t/m³，则仓泵输送能力，即一电场 MD80 仓泵的输送量＝仓泵容积×充满系数×松散密度＝2.3×0.8×0.8＝1.472t/仓泵。

表 3-8　　　　　　　单泵输灰量与循环周期的关系

循环周期（s）	200	300	400	500	600
最大输灰量（t/h）	26.1	17.4	13.05	10.44	8.7

煤质不变时，一电场输灰量、煤量与输灰次数的关系见表 3-9。

表 3-9　　　煤质不变时，一电场输灰量、煤量与输灰次数的关系

序号	锅炉燃煤量（t/h）	一电场单泵理论输灰量（t/h）	理论核算输灰所需次数（次/h）
1	320	9.74	6.6≈7
2	300	9.14	6.2≈7
3	280	8.35	5.6≈6
4	260	7.92	5.3≈6
5	240	7.31	4.9≈5

根据理论核算结果，考虑机组负荷和煤量动态的变化，各电场输灰仓泵都按照上述情况核算，同时考虑三～五电场灰的黏附强度高的特点，对循环周期进行了调整，具体见表 3-10。

表 3-10　　　　　　　　优化后的循环周期调整　　　　　　　　　　　　s

项目	一电场	二电场	三电场	四电场	五电场
循环周期	600	800	1800	2400	3600
落料时间	60	60	60	60	60

省煤器输灰按照克莱德公司气力除灰方案重新设计并入一电场同时输灰，以浓相输灰带稀相输灰。试验证明，此方案可行，输灰顺畅，缩短了循环周期和输灰管线，泄漏点明显减少，输灰的可靠性提高。

六、运行维护管理

（1）严格执行输灰程序，监控运行参数。密切监视输灰系统压力值的变化，及时消除堵灰现象。

（2）及时处理输灰系统存在的缺陷和隐患。按照定期巡检制度，及时检查现场的泄漏点。

（3）检修维护班组要充分利用检修机会，彻底检查处理管线漏点和电除尘器内部，确保输灰系统各部件能长期可靠运行。

3.14.10 效果评价

一、输灰改进情况

仓泵输灰达到设计出力，满负荷运行，输灰时间缩短，循环周期增加，一电场、二电场同时存在 2~3 台 MD 泵满泵情况也能同时输走，不存在堵灰现象。单位时间内系统动作次数减少，提高了设备利用率，同时减少了设备的磨损。计算平均灰气比约为 35，接近设计值，输灰曲线正常，见图 3-2。

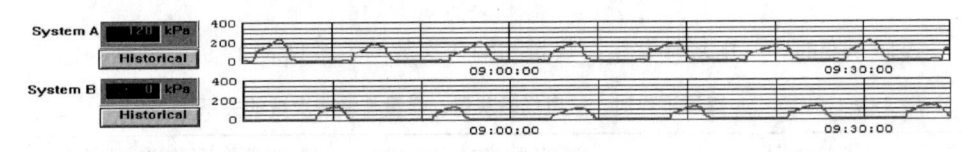

图 3-2 输灰曲线

优化输灰前，空气压缩机基本运行 6 台次才能满足输灰系统的需要；优化输灰后，空气压缩机运行台数由 6 台减少至 4 台，系统压力仍然能够达到 600kPa 的水平，完全满足实际需要。

输灰系统优化后达到了高灰气比、低流速的输灰状态，输送过程中对管道的磨损大大降低；一电场输灰次数由 15 次/h 降至 7 次/h，二电场输灰次数由 7 次/h 降至 4 次/h，三电场输灰次数由 4.5 次/h 降至 2 次/h，四、五电场输灰次数由 3 次/h 降至 1 次/h；系统整体用气量降低。由于输灰次数的减少，系统圆顶阀、进气组件、控制元件的动作次数减少了 1/2，延长了使用寿命，同时减少了检修维护量，降低了生产成本。

二、可靠性分析

通过系统优化，从根本上解决了系统堵灰的问题，彻底克服了仓泵输灰量少的困难，减少了排堵用气；延长了排堵阀、圆顶阀的使用寿命，动作次数减少后圆顶阀的可靠性明显增加；输灰管线因磨损产生的漏点减少，随着机组经过大、小修后，漏点更少；生产现场文明生产状况得到提升。

三、节能评价

2009年输灰系统优化成功后,在8台机组上进行了推广应用,根据机组负荷及灰量调整了输灰系统输送周期程序。在确保输送压力的前提下,减少了除灰空气压缩机的运行台数,8台机组平均能耗降低了0.4125kWh/t(煤)。除灰能耗对比见表3-11。

表3-11　　　　　　　　除 灰 能 耗 对 比　　　　　　　　kWh/t(煤)

机组	1	2	3	4	5	6	7	8
2009年	3.23	2.56	2.48	2.52	2.98	3.76	2.22	2.61
2008年	3.64	3.13	2.89	3.36	4.06	3.66	2.68	2.24

四、推广应用

2009年输灰系统优化成功后在其他机组上进行了推广,根据机组负荷及灰量调整了输灰系统输送周期程序;尽量延长落料时间,确保落料畅通;尽量加大输灰循环周期,以减少管道磨损,降低除灰厂用电。在确保输送压力的前提下,尽量减少除灰空气压缩机的运行台数,以达到降低厂用电的目的。通过表3-11中的数据对比8台机组输灰能耗,同比降低0.4125kWh/t(煤),空气压缩机运行台数由23台降为16台,空压机补充油耗每年降低840L,输灰系统备件费用节省约105万元,降低单耗占锅炉辅机单耗的1.1%,同比节电57.75万kWh,节能效果显著。

通过剖析除灰系统的现状、存在的问题,从理论上定性和定量地加以论证,对设备进行改造和优化,提高了输灰系统的运行可靠性,同时在节能方面取得了显著效果,并且在输灰优化和系统设计、调试方向上取得了具有指导意义的成果。系统优化后有效提高了设备的健康水平和自动化水平。

3.15　除渣系统优化案例

3.15.1　系统简介

捞渣机型式:水浸式、液力驱动、可移动型。
捞渣机转运至皮带输送机的渣含水率不大于25%。
补水方式依靠开式水和清水泵降温补水。

锅炉正常运行时的排渣量	20t/h(每台炉,以干渣计)
锅炉吹灰时的排渣量	32t/h(每台炉)
锅炉最大排渣量	≤50t/h(每台炉)
循环冷却水量	150m³/h

最大循环冷却水量　　　　　　　180m³/h
正常补水量　　　　　　　　　　10m³/h

3.15.2　问题提出

（1）渣水处理池易堵塞，易发生污水外排，机组出力受阻

渣水处理系统每台锅炉设置1套，采用连续运行方式，每台机组处理水量为150~200m³/h。渣水处理系统包括2台清水泵、2台排水泵、1组处理池，依次为沉淀池→过滤池（澄清池）→清水池。由于煤质含灰量（高岭土）较大，炉底排渣量较多，使1、2号机组在运行一年半的时间内因积灰堆积在沉淀池和澄清池内，多次发生污水外排和机组出力受阻事件。

（2）渣水处理系统启停频繁，渣浆泵启动打水困难

渣浆泵的安装位置高于液面，启动时必须对泵体和入口管路进行注水才能使用。注水初期压力过高易造成水泵机封损坏而漏水，易使泵入口管的单向阀（底阀）密封圈脱落或损坏，使泵组无法正常打水。

（3）渣仓析水管路及污水池易发生堵塞，造成渣仓间污水外溢

渣仓在进浆、脱水阶段，以及被脱出的水导流至排水管引至排水系统的过程中，渣水析出速度较慢，长期运行易造成析水管道内积渣、管道堵塞；渣仓下部污水池内的立式排污泵也由于池内积渣过多，堵塞入口而造成泵不打水。

3.15.3　改造方案

解决渣水处理池堵塞和污水外排的方案：

（1）每台锅炉的捞渣机溢流池内加装2台立式耐磨液下泵，便于及时打水，减少现场操作，以及降低清水泵的启停次数和时间。

（2）每台锅炉的沉淀池内加装2台立式耐磨液下泵、2台搅拌器，泵出口布设1路再循环管路，以便及时清理积渣，防止堵塞。室外电气设备搭建挡雨棚，所有室外管道外部缠伴热装置。

以上设备均能实现远方（就地）启停操作和监视，并能根据池内的液位高度自动启停。

（3）加装冲洗水管路，便于清理渣池时使用；加装补充水管路，便于清水池补水。在析水母管上加装冲洗管路，在渣仓下部污水池内加装搅拌冲洗水，可有效解决管道积渣和池内积渣过多的问题，避免发生析水受阻和泵不打水的故障。

3.15.4　改造效果

原有系统优化改造后，渣水系统中存在的弊病被逐步消除，系统的安全稳定运行水平得到提高，解决了系统的污水外排问题，提高了渣水处理系统循环的可靠性，节约了水资源，减少了维护工作量，取得了显著的节能降耗效果。

3.16 600MW直接空冷机组凝结水溶氧超标治理

3.16.1 问题提出

在直接空冷机组的正常运行中，由于空冷机组的空冷凝汽器受环境变化的影响较大，凝结水过冷度变化较大，因此很容易造成凝结水溶氧大范围的波动；另一方面，空冷系统庞大，系统泄漏点多，空气很容易漏进负压系统，造成凝结水溶氧超标。凝结水溶氧大已经成为直接空冷机组普遍存在的生产难题。

3.16.2 项目内容

一、空冷机组凝结水溶氧情况介绍

某电厂汽轮机为 600MW 亚临界、中间再热、单轴、三缸四排汽直接空冷凝汽式汽轮机，汽轮机排汽采用直接空气冷却技术（以下简称空冷）进行冷却，空冷凝汽器的冷却面积为 1 838 218m^2，布置在主厂房 A 列外。空冷平台上空冷凝汽器分 8 排冷却单元垂直于 A 列布置；每排凝汽器中，顺流凝汽器的与逆流凝汽器的组数比为 19：2。每台空冷凝汽器下部设 56 台轴流变频风机，每排 7 组。空冷岛系统图见图 3-3。空冷凝汽器抽真空系统抽真空管道接到每个冷却单元逆流凝汽器上部，配有 3 台 185kW 水环式真空泵，1 台正常运行，2 台备用。

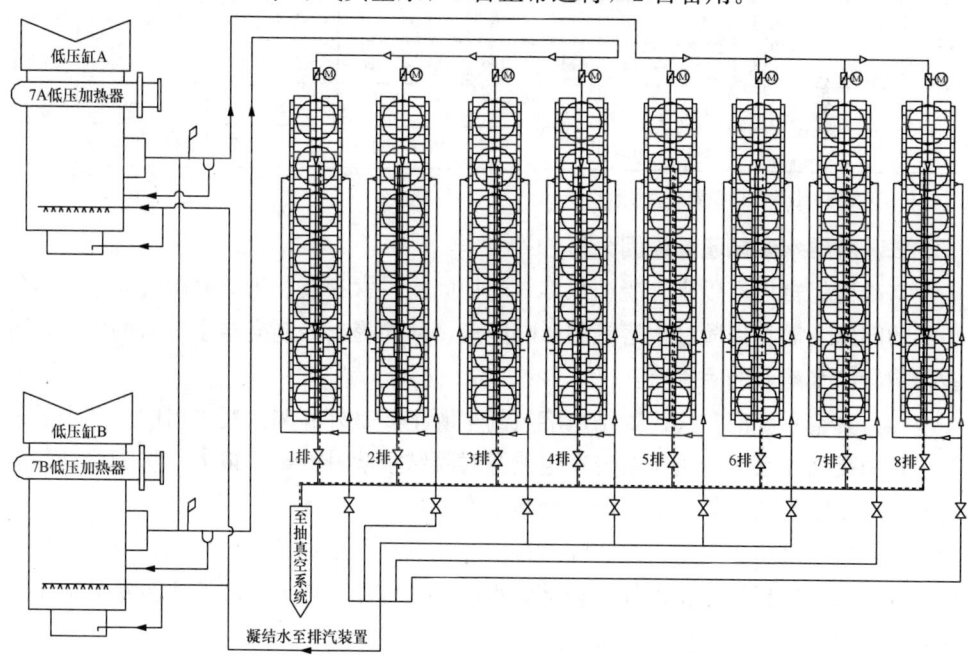

图 3-3 空冷岛系统图

每台机组分别配置 2 台 50%容量的汽动给水泵及 1 台 30%容量的电动给水泵。每台给水泵汽轮机单独设一个凝汽器，给水泵汽轮机凝结水排入汽轮机排汽装置。

机组投产以来，凝结水溶氧经常超标，凝结水溶氧合格率低。但经过除氧器除氧之后，给水的溶氧量能控制在 $1\mu g/L$ 左右。4 台机组凝结水溶氧值统计结果见表 3-12 和表 3-13。

表 3-12 4 台 600MW 直接空冷机组投产以来的凝结水溶氧值统计结果

机组	投产日期	下列溶氧值占全部溶氧值的比例（%）			
		$\leqslant 30\mu g/L$	$\leqslant 50\mu g/L$	$\leqslant 70\mu g/L$	$\leqslant 90\mu g/L$
5 号	2005 年 9 月 28 日	44.26	81.60	93.82	97.88
6 号	2005 年 11 月 22 日	66.02	86.60	92.64	96.04
7 号	2006 年 6 月 19 日	76.78	99.11	99.87	100
8 号	2006 年 8 月 22 日	91.21	97.24	99.08	99.60

表 3-13 4 台 600MW 直接空冷机组的凝结水溶氧合格率统计 %

机组	2006 年						2007 年					
	6 月	7 月	8 月	9 月	10 月	11 月	12 月	1 月	2 月	3 月	4 月	5 月	6 月
5 号	68	74	95	46	61	36	41	42	60	38	13	56	58
6 号	86	83	95	74	89	32	14	57	82	58	20	60	78
7 号	100	100	100	100	100					73	100	100
8 号				100	100	100	43	93	87	80	92	92

注 表 3-13 中的空白项表示当月机组停运。

二、凝结水溶氧超标原因分析

空冷机组自投产以来，凝结水溶氧超标问题时常存在。为彻底解决凝结水溶氧超标的问题，需找出凝结水溶氧的影响因素，从而提出控制凝结水溶氧的措施。可能影响凝结水溶氧的因素有：

(1) 真空系统漏空气。凝结水溶氧的来源主要是外界漏入凝汽器的空气中的氧气，其中凝结水泵入口负压系统发生泄漏对凝结水溶氧的影响最大。将凝汽器的漏点消除，凝结水的溶氧就会下降到合格范围。

(2) 机组负荷。空冷机组实际运行中，在真空严密性试验合格的情况下，机组凝结水溶氧呈有规律变化趋势，即随给水流量的增加而增大，随给水流量的减少而降低。通过分析，其主要原因如下：

空冷岛的凝结水是从 8 排空冷凝汽器的 8 根回水管从 40m 高处下来汇集成一

根凝结水母管，最后再由一根母管分成两根支管，一根支管回到 A 排汽装置，另一根支管回到 B 排汽装置。每只回水支管接到距排汽装置底部 2.5m 高的三根带喷头的管路上，喷头起喷淋除氧的作用，各支管底部分别有一根溢流管，溢流通往 B 排汽装置支管的凝结水流量非常少，实测流量不到 100t/h，这样就造成一部分空冷岛凝结水只能通过溢流管流入排汽装置，而实际通过 B 排汽装置喷嘴的流量只有 700～800t/h。也就是说，当机组负荷高，凝结水的流量大于 800t/h 时，多余的凝结水在排汽装置中得不到除氧，从而使凝结水溶氧升高。

(3) 凝汽器补水。凝结水补充水的含氧量通常为 $7000\mu g/L$，是合格的凝结水溶氧的 233 倍。凝结水补充水的流量在 30t/h 以上，如果凝结水补水溶氧不能得到很好的处理，凝结水溶氧将很难达到合格水平。为了定性和定量分析空冷机组凝结水补充水对凝结水溶氧的影响，先后两次做了停凝结水补充水观察机组凝结水溶氧变化的试验，详见表 3-14。试验结果是，停凝结水补充水对机组凝结水溶氧的影响非常小，机组溶氧没有明显变化，说明凝结水补充水到凝结水水箱的喷头除氧效果良好。

(4) 给水泵汽轮机凝结水。2006 年 2 月 23 日，化验人员用便携式测氧仪对给水泵汽轮机凝结水泵出口的溶解氧数值进行了测量，分别测得 5 号机组 A 给水泵汽轮机凝结水泵出口的凝结水溶解氧为 $54\mu g/L$；5 号机组 B 给水泵汽轮机凝结水泵出口的凝结水溶解氧为 $62\mu g/L$。两数值均比 $30\mu g/L$ 大，但考虑到给水泵汽轮机凝结水泵的出口凝结水也是打到凝汽器的汽侧空间，而且给水泵汽轮机凝结水的流量相对于主机凝结水的流量小得多，因此不会成为主机凝结水含氧量超标的主要原因。

(5) 真空变化。直接空冷机组运行中真空变化速度快，气温高时真空变化速度最大，达到 3kPa/min。排汽装置压力低于当时凝结水温度对应的饱和压力时，凝结水发生汽化，凝结水中的氧析出，溶氧降低；当排汽装置压力高于当时凝结水温度对应的饱和压力时，凝结水过冷度增加，溶氧升高。

(6) 凝结水过冷度。运行经验表明，凝结水的溶氧与凝结水过冷度的关系较大。2006 年 2 月 28 日做了 5 号机组凝结水过冷度对凝结水溶氧的影响试验，详见表 3-13。从表中数据分析，总的变化趋势是空冷岛凝结水的过冷度越小，凝结水的溶氧值越小。

通过表 3-13 中的试验数据，结合表 3-12 中的统计数据可以看出，冬季凝结水的过冷度大，其溶氧值也较高；夏季凝结水的过冷度小，其溶氧值较低。夏季凝结水溶氧合格率明显升高。

(7) 空冷风机运行方式。2006 年 2 月 26 日进行了 5 号机组凝结水溶氧随空冷风机运行方式变化的试验。

通过调整空冷风机运行方式发现，空冷风机运行方式对凝结水溶氧大小影响不大。

综上所述，凝结水溶氧的主要影响因素为：漏入真空系统的空气量、机组真空的变化、机组负荷大小、凝结水过冷度大小。运行实践表明，即使机组真空严密性合格，凝结水过冷度在允许范围内（凝结水过冷度小于6℃），凝结水溶氧仍有超标现象。而正常运行中机组负荷、真空绝大多数时间无法人为控制，因此，凝结水溶氧超标的主要原因为排汽装置内的除氧效果不能满足要求。

3.16.3 改造方案

通过凝结水溶氧超标的原因分析可知，其主要原因为排汽装置内的除氧效果差。而要解决凝结水溶氧超标问题，须对目前的凝结水除氧设备和系统进行改造。

一、改造前的系统

空冷机组主凝结水回水管在厂房内分管时布置不合理。分管时一管直流，一管侧流，同时直流管道管径为DN700，侧流管道管径为DN500，而此两管中心同高，在并不是满管流动的情况下，两管道流量分配明显不均。进入每个排汽装置内的总管道又分为3根，每根装37个喷嘴，原回热管系位于热井上面、导流板下面，仅靠从导流板开孔处引出的部分蒸汽进行加热，由于管系距热井水面很近，因此换热效果有限。回热管系中所使用的水膜喷嘴在实际的喷水过程中形成的水膜面积比较有限。凝结水补水管采用常用的小孔喷淋方式。改造前的系统如图3-4所示。

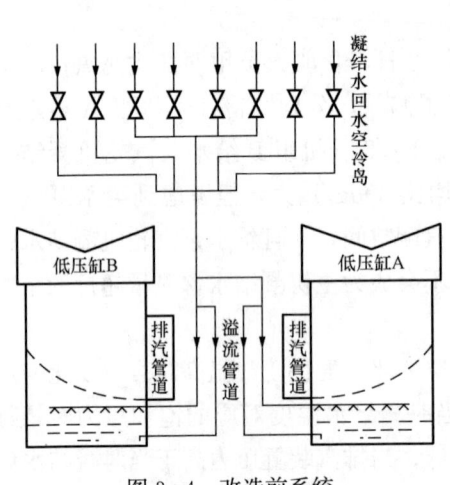

图3-4 改造前系统

二、改造方案

（1）主凝结水回水管的分配以平均分配为最好，总管下降到平台处（标高-350mm）再加三通分支管道进入两个排汽装置壳体。

（2）在两溢流管道上加关断阀，运行时关断溢流管道；在特殊情况下，即确认喷嘴堵塞时才允许打开此门。

（3）将回热管系调整到5m标高处，即在排汽装置壳体的上部，这样可以让汽轮机排汽直接对回热水进行加热，增加了换热强度。

（4）更换回热管系中的喷嘴。目前，最新型的喷嘴在同样的喷水条件下水膜面积比最初使用的水膜喷嘴水膜面积增大80%左右。所以，更换成新型的水膜喷嘴，同样是增强换热强度、达到更好的换热效果的必备条件。

(5) 对凝结水补水管道喷头进行改造。原补水管道为常用的小孔喷淋方式，这种方式目前在凝汽器上使用较好。为了更好地改进溶氧量，将其改为喷嘴喷淋方式。实际中采用了锥形喷嘴，这种喷嘴雾化效率高，可更好地与排汽进行换热，从而能更好地除氧。补水管道共安装12个锥形喷嘴。改造后的系统如图3-5所示。

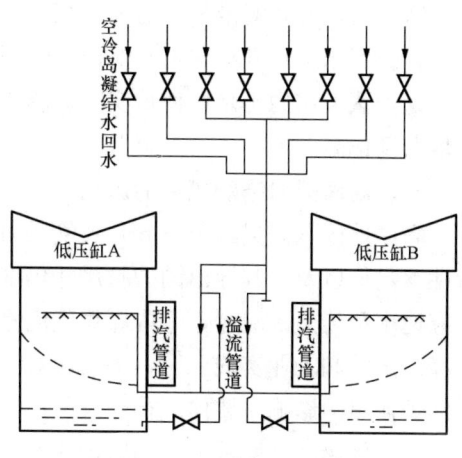

图3-5 改造后的系统

3.16.4 改造效果

改造后，5号机组凝结水溶氧合格率大大提高，即使在冬季过冷度大、高负荷的运行工况下，仍能将凝结水溶氧控制在30μg/L以下，凝结水溶氧最低降至0.5μg/L。但5号机组还遗留了一个问题，就是在高负荷阶段，空冷凝结水的几根回水管路振动大，不得已采取稍开溢流控制门的方式来消除振动，产生该问题的原因经回水液位确认为：回水的水位控制在当初设计时还存在偏差，导致水位在高负荷时过高，达到了水平管段位置，致使水中含汽量大，汽水两项流造成管路振动。因此，在7、8号机组停备期间进行了改造方案优化，即在排汽装置内部原凝结水回水总管上增加一路回水支管，安装喷嘴42只。两台机组启机后，确认在保证凝结水溶氧控制在优良范围的前提下，解决了凝结水管道振动的问题。

3.17 锅炉减温水量大的研究解决及节能效果

3.17.1 问题提出

某厂两台机组配套锅炉为亚临界参数、自然循环、前后墙对冲燃烧方式、一次中间再热、单炉膛平衡通风、固态排渣、紧身封闭、全钢构架的Π型汽包锅炉，自投产以来，过热器、再热器减温水实际用量都远远大于设计值（详见表3-14）。

表3-14　锅炉减温水设计值与实际运行值对比（THA工况）　　　　t/h

机组	设 计 值		运 行 值	
	过热器	再热器	过热器	再热器
5~8号	77.8	0	280~370	40~85

3.17.2 减温水用量大的原因分析及解决思路

锅炉设计时，对准格尔劣质烟煤的燃烧特性和高海拔地区的煤粉燃烧特性认识不足、炉膛结构尺寸、辐射和对流受热面分配比例设计不合理，引起炉膛吸热量不足、锅炉蒸发出力不足而使得实际炉膛出口烟温高于设计值，致使减温水量偏大、排烟温度偏高。

一、高海拔对锅炉燃烧的影响

高原地区（海拔为1060m）大气压力和气体密度明显降低，如果炉膛放热强度特性参数值以及由其导出的炉膛尺寸仍维持通常标准所选定的数值，则会导致燃烧反应速率和传热的减缓，炉内煤粉气流停留时间会过分缩短，使燃烧推迟、燃尽率下降。试验和工业实践证明，劣质煤对海拔的升高尤为敏感。高海拔地区，气压低对锅炉换热的影响主要体现在：

（1）使炉膛黑度减少，辐射传热略有下降，导致炉膛出口温度略有升高。

（2）对流传热中因灰粒子的减弱系数降低，使辐射传热部分受影响，但因对流部分与气压无关，在对流受热面中对流传热占主要份额，因此影响较弱，造成在对流受热面吸热量增大。

（3）海拔低气压使得燃烧反应速度降低、着火燃尽能力下降，因此对煤粉细度、炉膛容积都要作相应的调整，以满足炉膛吸热量的要求。

（4）炉内烟气体积增大，使相同截面下的流速增加，会缩短煤粉气流在炉内的平均停留时间，影响煤粉在炉膛内的燃尽程度，导致飞灰含碳量增加，降低锅炉效率；严重时会使残余煤粉在对流区燃烧，直接影响锅炉的安全与经济运行。

为了提高锅炉燃烧效率、扩大煤种适应性，应适当增大燃烧区域的炉膛容积，这样可以延缓低气压下烟气的上升速度，保证煤粉在炉内的停留时间，更有利于煤粉的燃尽。

二、准格尔劣质烟煤燃烧特性的影响

准格尔劣质烟煤的挥发分虽大于20%，高于一般贫煤，但其发热量低。准格尔劣质烟煤的灰分常常接近甚至超过40%，发热量很低，低位发热量在3500kcal/kg左右。这种劣质烟煤的着火、燃尽特性与普通烟煤均有不同，在采用常规燃烧器时着火延迟。

（1）由于准格尔劣质烟煤的灰分含量大，造成炉膛黑度减少、燃烧推迟、辐射传热下降，导致炉膛出口温度略有升高，从而使锅炉的蒸发出力不足。

（2）由于灰分大，造成锅炉烟气量增加，使锅炉的对流换热量大于其设计值。

在找出锅炉减温水量大、排烟温度高的根本原因后，虽采用强化燃烧手段及常规燃烧调整的技术思路，具体为燃烧器二次风及三次风配比调整、燃烧器二次风及三次风旋流强度调整、一次风率调整、氧量调整、各层二次风配比及煤粉细度调整等手段，试图解决锅炉减温水量大、排烟温度高问题，并取得了一些效果，但未彻底解决此问题。

在强化燃烧手段及常规燃烧调整的技术思路未彻底解决问题的前提下，提出了锅炉受热面改造的技术思路，试图使减温水量大、排烟温度高的问题得以彻底解决。

3.17.3 改造方案

具体改造方案是将部分低温过热器的受热面和部分低温再热器的受热面改为省煤器，使锅炉过热器、再热器换热面减少，同时增加省煤器，使锅炉排烟温度不超过设计值，从而使锅炉蒸发出力增加，达到减少锅炉减温水的目的。两台锅炉改造分为过热器、再热器两部分进行。

一、低温过热器侧的改造

(1) 将水平低温过热器下组改为省煤器管排，新增加 4 个集箱（$\phi 219 \times 38mm$，材质为 SA-106C），管排通过上下 2 个集箱与省煤器管排及悬吊管连接，新增加上下 2 个集箱之间改为吊杆悬吊。

(2) 将原中隔墙下集箱，即低温过热器入口集箱（$\phi 273 \times 45mm$，材质为 12Cr1MoV）上移至低温过热器第二组管排标高下部。

(3) 将水平低温过热器第二组管排最下层的 8 根管子去除，其余管排直接与中隔墙下集箱连接。

二、低温段再热器侧的改造

(1) 切除全部下组水平低温再热器和 1/2 中组低温再热器。

(2) 在切除的下组低温再热器位置上布置省煤器管排 178 排。新增加的省煤器管排每排 22 根，管子为 $\phi 51 \times 6mm$，材质为 SA-210C，管排长 5500mm。

(3) 中组水平低温再热器管排切除 1/2 面积后再与炉前低温再热器入口集箱连接，用切除下的下组和中组低温再热器管加工成需要的弯管后进行连接。

(4) 将原省煤器的 2 个出口悬吊集箱（$\phi 219 \times 30mm$，材质为 SA-106C）上移至新增加的省煤器管排上部，新增加的省煤器出口管直接进入集箱，集箱仍然由悬吊管接入省煤器悬吊出口集箱，两组省煤器管排之间用吊板连接。

3.17.4 改造效果

一、改造后的安全性

(1) 试验过程中，在锅炉各负荷下省煤器出口水温均有 40℃ 以上的不饱和度，这完全满足锅炉水循环安全要求。

(2) 改造后锅炉在各负荷下运行，锅炉各受热面没有超温现象，各受热面壁温均符合设计要求。

二、改造对热一次、二次风温的影响

改造后,由于空气预热器入口烟温下降约20℃,使得空气预热器出口一次、二次风温有所下降。统计表明,满负荷下空气预热器出口一次、二次风温较改造前下降约20℃。从改造后的锅炉效率、燃烧状况及制粉系统的运行情况看,改造后一次、二次风温下降对燃烧影响不大。

三、总体经济评价

(1) 对低温过热器、低温再热器和省煤器进行改造后,降低了过热汽系统吸热,使得过热减温水总量降低100t/h以上,按平均负荷率70%考虑,供电煤耗下降0.93g/kWh。

(2) 由于此次改造针对再热器减温水问题进行了改造方案的优化,使各负荷下锅炉再热器减温水量为0,因此,机组负荷为450MW时,再热器减温水量降低45t/h,按平均负荷率70%考虑,综合影响供电煤耗下降2.05g/kWh。

(3) 由于省煤器受热面积增加、吸热增加,使得空气预热器入口烟温下降,最终使得修正后的排烟温度下降约10℃。改造后,450MW负荷下锅炉效率约提高0.5%。按平均负荷率70%考虑,改造后由于排烟温度下降、锅炉效率提高,使供电煤耗下降1.83g/kWh。

(4) 综合改造后,过热减温水量下降、排烟温度降低、锅炉效率提高,按机组平均负荷率70%计算,可使机组供电煤耗下降4.81g/kWh。按年发电量36.958亿kWh计算,每年可以节约标准煤17 777t,按350元/t标准煤计算,折合人民币622.2万元。

(5) 单台锅炉改造投资824万元,1.32年即可回收全部投资费用。

3.18 直接空冷凝汽器高效水冲洗系统研究

3.18.1 问题提出

某电厂4台600MW直接空冷机组,其A型空冷凝汽器分8列垂直布置于汽机房A列外,安装在45m高空冷平台上,空冷平台与汽机房毗邻。每台机组的空冷岛凝汽器高压水喷射冲洗系统,其16套清洗平台配置1套升降驱动单元和1套喷嘴托架;清洗装置在管束上的水平移动为手动方式,垂直方向上为自动方式。

由于该厂所处环境风沙较大,冷却管束脏污较快,需要周期性冲洗才能满足系统换热的需要。但冲洗系统存在的问题和缺陷较多、故障率高、冲洗时间长,夏季空冷岛脏污严重,不能够保证真空度,从而降低了机组的经济性,严重时甚至会限

制机组带负荷。

3.18.2 空冷凝汽器冲洗系统存在的问题

空冷凝汽器在冲洗过程中发现了如下问题：

（1）2006年对两台空冷机组的空冷凝汽器换热面进行了清洗，清洗单台机组共耗时480h左右（中间不能保证连续冲洗，实际冲洗一遍大约需要30天以上），由于本地沙尘天气较多，当全部清洗一遍结束后，早期冲洗的空冷凝器管束又脏污了，冲洗效果差。

（2）由于每台机组的16套清洗平台只配1套升降驱动单元和1套喷嘴托架，每次只能单列单侧冲洗。当1组管束清洗结束后，需将升降驱动单元和喷嘴托架拆至另一套清洗平台上，还需对升降驱动单元进行重新调试，对冲洗人员的技术要求较高。

（3）清洗装置在管束上的水平移动为手动方式，由于管束处气温极高（地面温度在20℃时，A型塔走台处的温度高于50℃），操作人员需长期连续在走台处移动清洗装置，极大损害了操作人员的身体健康。此外，在此种现场环境条件下无法对操作人员进行有效防护，只能通过增加操作人员轮流操作，从而增加了人力成本。

（4）高压多级水泵出口无控制阀门，如需更换清洗装置管路，需停止水泵；若操作人员在未停止水泵时拆下高压橡胶软管，高压水会造成人员伤害。

（5）高压多级水泵出口供水压力为$5.96MPa/cm^2$，在喷嘴托架进水口处供水压力约为$3MPa/cm^2$，这样的水压无法穿透管束散热翅片，不能保证将管束清洗干净。

（6）空冷岛下面安装有主变压器及输出线路等电气设备，每清洗1组管束需耗时60h，且电气设备长期处于水淋状态，可能对电气设备产生不利影响。

（7）控制装置为便携式手动控制箱，不能对升降驱动单元进行调速，且当管束较脏时需清洗两遍，增加了清洗时间。

3.18.3 空冷凝汽器冲洗系统改造的可行性分析

针对空冷凝汽器冲洗系统存在的问题，对其他各厂空冷机组的空冷凝汽器冲洗系统进行调研分析，初步掌握了当时国内空冷凝汽器冲洗系统的现状。冲洗系统大体分为以下几种：

（1）高压冲洗车冲洗。此种方式冲洗车在地面，通过长胶管将水引至空冷平台，人工手持冲洗水枪进行冲洗。这种方式冲洗效率最低，冲洗时间长、效果差，操作人员危险性大。

（2）空冷岛上人工冲洗。此种方式通过地面的冲洗水泵将水引至空冷平台，通过空冷平台上的接口接引冲洗水管，人工手持冲洗水枪进行冲洗。这种方式冲洗效率较低，冲洗时间较长且效果一般，操作人员危险性大。

（3）半自动冲洗。当时的冲洗方式即为此种方式（GEA 公司制造的设备多采用此种方式），通过地面的冲洗水泵将水引至空冷平台，通过空冷平台上的接口接引冲洗水管至冲洗移动行车，冲洗移动行车水平移动为手动方式，冲洗喷嘴盘在移动行车上下移动为自动方式。这种方式的冲洗效率比前两种方式高，冲洗时间短，效果较好。

（4）经过改进的自动冲洗。当时某电厂尝试了此种方式，在半自动冲洗的基础上，将移动行车水平移动改为自动，基本实现全自动，但由于行车水平移动采用链条式轨道，故障率高、检修不便、全自动投入时间短，多数时间仍为半自动冲洗，因此仍达不到高效冲洗的目的。

经过对比，前三种方式中，由于空冷凝汽器管束处气温极高，夏季走台处温度经常高于 50℃，操作人员需长期连续在走台处移动清洗装置，极大损害了操作人员的身体健康，而且白天温度过高时工作人员无法停留在走台而无法完成作业，只能在夜间进行冲洗，大大影响了冲洗的效率，已不能再采用。第四种方式当时还没有比较成功的经验，还未实现真正的高效冲洗。所以，只有提出更完善的解决方案，以提高空冷岛的冲洗效率。

经过相关人员的讨论，初步确定了对空冷凝汽器进行全自动改造的方案，即在现有半自动冲洗的基础上，将移动行车水平移动也改为自动，从而实现全自动冲洗。行车水平移动采用齿形带轨道，保证设备的可靠性。通过改造可以保证空冷凝汽器的散热效果，保证机组安全度夏，同时也可大大减少冲洗工作量，因此本次改造具有相当的必要性和可行性。

3.18.4　改造方案

拆除原有高压多级水泵，改为高压往复泵（供水压力为 8～13MPa 可调）。高压水泵装置由进水手动闸阀、高压往复泵、缓冲器等组成。高压往复泵进水口接自冲洗泵房内的除盐水箱，在进水管路上配置手动闸阀和 Y 型过滤器。由于高压往复泵产生的是脉冲水流，如果不经处理就直接用于清洗，会对管路产生极大冲击，所以在高压往复泵出口安装一台缓冲器，使得出口高压水能较平稳地流动。在高压往复泵上还有一路排水口，并在排水管路上安装一只手动闸阀。共设 4 台高压水泵，每台机组设 1 台，每台高压水泵的水量可同时供两套清洗装置使用。

（1）管路部分：在每台缓冲器出口安装一根 DN50 长 1m 的橡胶软管（起缓冲作用），软管后接 DN50 的不锈钢管。不锈钢管沿立柱竖直接入空冷凝汽器平台上，在平台上横向安装一根 DN50 的不锈钢管。在横向不锈钢管上每隔一段距离安装一只三通,三通接 DN25 的自关闭式快速接座,每根管道上设 9 组,每台机组设一套管路部分。4 台机组的 64 台冲洗移动行车共用 8 根长 75m 的 DN25 橡胶软管交替使用。75m 软管由 3 根 25m 的橡胶软管采用自关闭式快速接头接座连接而成,可在运行时随时增减或切换至另一台清洗装置,而无须关闭高压水泵或任何手动阀门。

(2) 清洗装置:保留原有 64 台冲洗移动行车、64 条上导轨、64 条下导轨,拆除原有的升降驱动单元和喷嘴托架,改为专用可变频的升降驱动单元和专用于高压往复水泵的喷嘴托架及喷嘴。4 台机组共增加 64 套升降驱动单元和 64 套喷嘴托架及喷嘴。将水平手动移位改为电动移位,在每套原上导轨处安装 1 套水平拉紧的齿形带组件,在每套清洗平台上增加 1 套水平行走驱动装置。4 台机组共增加 64 套水平拉紧的齿形带组件和 64 套水平行走驱动装置。

(3) 控制装置:在 4 台机组的空冷凝汽器平台上设 8 个便携式程控箱,可同时实现 8 组冲洗移动行车横向自动运行及升降电动机的在线变频调速,便携式程控箱与冲洗移动行车和电源箱用电缆连接。

在空冷凝汽器每座 A 型塔的一侧安装电源箱,便携式程控箱可就地取电。通过便携式程控箱的程序控制,可实现自动控制动化控制,无须人员移动清洗平台,减少了员工长期在高温下工作的时间,提高了工作效率。

空冷凝汽器清洗系统改造部分如图 3-6 和图 3-7 所示,改造系统原理如图 3-8 所示。

图 3-6 空冷凝汽器冲洗行车及行车下部

3.18.5 改造效果

空冷凝汽器清洗系统改造后,真正实现了高效全自动冲洗,增大了冲洗水泵的额定压力和流量,使冲洗时间由原来的 30 天以上缩短为 5~8 天,空冷凝汽器脏污的问题得到了有效的控制。夏季由于真空原因,限负荷的情况大大减少,机组经济性和安全性得到大幅提高。

图3-7 空冷凝汽器冲洗行车水平自动移动部分

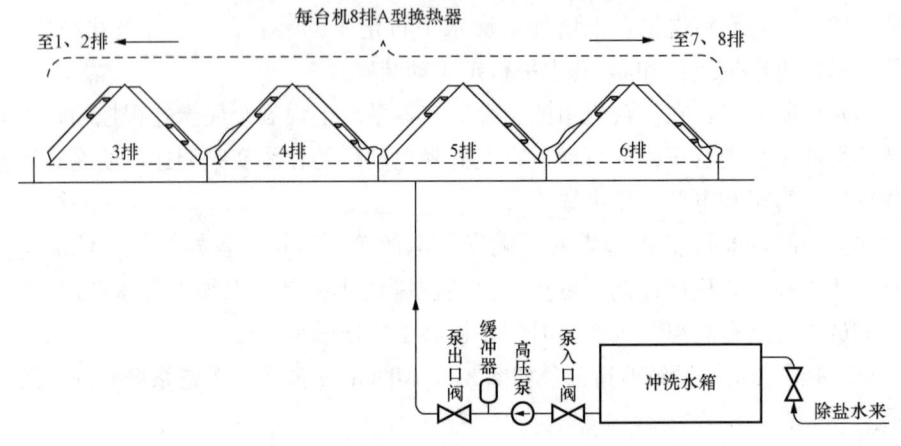

图3-8 空冷凝汽器改造系统原理简图

空冷机组投入全自动冲洗装置后的部分指标与同期数据对比见表3-15和表3-16。

表3-15 空冷机组真空度和负荷系数对比 %

参数	5号机组真空度			6号机组真空度			7号机组真空度			8号机组真空度		
	2007年	2008年	差值	2007年	2008年	差值	2007年	2008年	差值	2007年	2008年	差值
5月	82.78	83.77	1	82.06	82.05	—0	82.8	停机		86.63	停机	
6月	75.13	77.67	2.54	74.81	79.54	4.73	82.25	79.49	—2.8	82.66	82.65	—0
7月	72.91	75.75	2.84	69.09	74.99	5.9	79.18	76.67	—2.5	83.57	77.41	—6.2
参数	5号机组负荷系数			6号机组负荷系数			7号机组负荷系数			8号机组负荷系数		
	2007年	2008年	差值	2007年	2008年	差值	2007年	2008年	差值	2007年	2008年	差值
5月	73.24	77	3.77	74.33	78.39	4.06	64.91	停机		63.94	停机	
6月	69.03	80.03	11	64.63	77.5	12.9	57.03	74.53	17.5	54.22	63.92	9.7
7月	65.01	73.86	8.85	61.4	73.94	12.5	51.58	73.8	22.2	51.42	72.09	20.7

表 3-16　　　　　　　　同期空冷机组供电煤耗对比　　　　　　　　　g/kWh

参数	5号机组供电煤耗			6号机组供电煤耗			7号机组供电煤耗			8号机组供电煤耗		
	2007年	2008年	差值	2007年	2008年	差值	2007年	2008年	差值	2007年	2008年	差值
5月	348.4	335.9	−13	347.1	339.2	−8	347.2	停机		345	停机	
6月	354.9	333.5	−21	360.9	337.7	−23	369.6	333.9	−36	373.7	347	−27
7月	361.1	352.5	−8.6	372.9	357.3	−16	388.6	349.8	−39	370.2	356	−14

从表 3-16 可以看出，在比较典型的 5、6、7 三个月，2008 年中的这三个月空冷机组负荷率都较 2007 年高，但真空度反而较同期水平有相当程度的提高。其中，5 号机组三个月的真空度分别较同期提高 1%、2.54%、2.84%，真空值较同期水平分别提高 0.9、2.3、2.5kPa；6 号机组三个月的真空度分别较同期提高 0%、4.73%、5.9%，真空值较同期水平分别提高 0、4.2、5.3kPa；7、8 号机组同期负荷率相差太大，但真空度降低很小，仍可看出 2008 年机组的真空值还是有相当的优势。

3.18.6　效益分析及结论

一、提高机组真空

空冷凝汽器实现全自动冲洗后，每台机组的冲洗时间由改造前的 30 天缩短至 5~8 天，可使空冷凝汽器换热面经常保持较好的换热效果。通过数据对比分析，2008 年 4—9 月与 2007 年同期相比，各机组的真空值提高为：5、6 号机组为 6.1kPa，7、8 号机组为 3.3kPa。

二、提高维护人员利用率，降低作业风险

空冷凝汽器全自动冲洗的实现，每台冲洗装置只需 1 人操纵和看护，省去原至少 2 人才能完成的冲洗装置人工移位，以及升降单元和冲洗托架的拆除、倒换、安装、调试等工作量。在原有人员配备数量不变的情况下，提高了人员利用率，降低了高温作业中暑的风险，同时减少了每班次人员轮换次数。

三、降低标准煤耗

2008 年 4—9 月与 2007 年同期相比，机组的真空值提高为：5、6 号机组为 6.1kPa，7、8 号机组 3.3kPa；考虑负荷系数均比 2007 年同期高和其他因素影响，按改造后真空提高 3.3kPa 计算，600MW 亚临界空冷机组真空变化量与煤耗的对应关系为每 1kPa 影响 1.08g/kWh，即空冷凝汽器全自动冲洗可降低标准煤耗为 3.57g/kWh。

四、短期收回投资

（1）2008 年 4—9 月，5~8 号机组的发电量为 54.875 亿 kWh。

(2) 全年节约标准煤：$3.57×54.875×10^8×10^{-6}=19\,590$（t）。节约燃料费用：290 元/t×19 590t＝568.11 万元。年增加维护费用（新加装的传动皮带、驱动电动机及人工维护费用等）约 80 万元。综合经济效益：568.11－80＝488.11（万元）。

从以上分析可以看出，本项目初期投资为 500 万元，基本 1 年即可收回成本。

3.19 电厂仪用空气压缩机改造

3.19.1 问题提出

某电厂 2 台机组配备了 5 台风冷式仪用空气压缩机，日常 3 台运行，2 台备用。运行的 3 台空气压缩机当中，其中 1 台长期处于加载状态，1 台根据母管压力设定值为间歇运行方式，还有 1 台处于长期卸载状态（空载），能耗水平较高。

3.19.2 改造方案

为实现节能降耗要求，需要对 5 台空气压缩机的运行方式进行优化调整，思路是保持 2 台运行，让其余空气压缩机按时间顺序错开备用。当仪用压缩空气母管压力低到一定值时（联锁值为 0.55MPa，报警值为 0.58MPa），备用空气压缩机自动启动。将长期卸载的空气压缩机停运，通过母管压力联锁启动，改后的逻辑如图 3-9 所示。

第一台备用空气压缩机的延时为 0min，第二台备用空气压缩机的延时可以设置为 2min，第三台空气压缩机的延时可以设置为 5min。

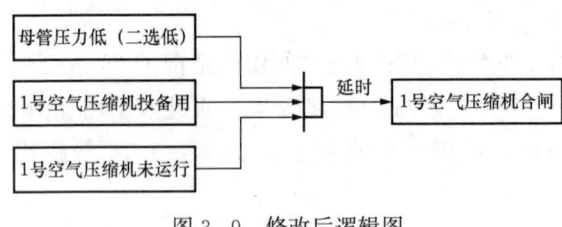

图 3-9 修改后逻辑图

延时时间的设定功能设置在上位机画面上。在上位机画面上制作一个能够输入数值（以 min 为单位）的选框，运行人员可以在其中输入空气压缩机联锁的延时时间。每台空气压缩机延时的设定都是依据其当时所处状态，由运行人员选定。

如果压力低于联锁值 0.55MPa，则第一台备用的空气压缩机先联锁启动；若母管压力恢复正常，则第二台备用空气压缩机不会启动；若母管压力仍然低于 0.55MPa，则按上述假定的设定延时，2min 后第二台备用空气压缩机启动，以此类推。

3.19.3 改造效果

通过这次改造，使正常情况下只有两台仪用空气压缩机长期投入运行，其他空气压缩机长期投入备用，减少一台长期空载运行空气压缩机运行，年节电量约 91.1 万 kWh，同时也提高了空气压缩机的备用系数。

3.20 锅炉吹灰优化

3.20.1 问题提出

吹灰是清除受热面积灰、结焦及提高锅炉效率的有效手段,但目前吹灰大多依靠人工控制,缺少吹灰的针对性,无法有依据地进行有效吹灰,过吹与欠吹现象时有发生,不仅浪费大量吹灰介质,而且存在吹灰死角或易吹损受热面。

3.20.2 优化方案

利用 DCS 系统和新增 DAS 系统中的汽水侧参数和烟气侧参数,并结合飞灰含碳量、排烟氧量、机组负荷等参数,进行锅炉各项热损失和热效率的计算,然后从省煤器出口开始,基于锅炉各受热面计算模型,沿烟气流程逆向逐段进行各受热面的热平衡和传热计算。

(1) 对炉膛、大屏过热器等辐射(半辐射)受热面以及各对流受热面,建立基于能量平衡、质量平衡和锅炉受热面积灰状态的监测模型,实时计算、监测各受热面的积灰状态。

(2) 对空气预热器采用折算压差法计算其洁净因子,实现积灰状态的在线监测。

将各受热面积灰状态参数和锅炉相关的技术参数输入实时数据库,并由运行对系统的实时数据平台进行管理,能够根据受热面的积灰情况,结合锅炉的临界洁净参数、锅炉运行负荷和运行状态,作出吹灰优化决策,提供吹灰指导,报警提示需实施吹灰的受热面,并提供吹灰顺序。

一、吹灰优化系统应具备的功能

(1) 实现各受热面积灰状态的在线监测。分别监测后屏过热器、二级过热器、高温再热器、低温再热器、一级过热器、省煤器及空气预热器的积灰状态,提供实时数据、趋势曲线、实时棒状图在线显示功能,实现各受热面积灰状态的量化和可视化。

(2) 实时显示锅炉参数等性能指标。实时显示锅炉效率,计算并实时显示炉膛、末级过热器、初级过热器及再热器、省煤器及空气预热器出口烟气平均温度。

(3) 实现吹灰优化指导功能。在线实时计算各受热面的积灰程度,并合理设定各受热面的吹灰基准值,并根据优化模型的分析结果,提出合理的吹灰建议和吹灰模式。

(4) 具备历史数据的存储、统计和综合分析功能。

二、注意的问题

(1) 吹灰优化方案一般从锅炉经济性角度考虑,这在锅炉正常运行中是合理的，但在实际运行中由于各种原因易出现偏离正常工况的现象，此时还仅从经济性角度来考虑优化方案就不合理了。因此，在制订吹灰优化方案时必须考虑安全因素。例如：受热面较干净，但有部分管壁温度较高时，从经济性角度考虑，此时吹灰是不合理的，但从安全角度考虑，为防止受热面超温，应对该受热面进行吹灰。

（2）为了更加准确、有效地监测锅炉各受热面的积灰状况，需要增加部分测点和设备，关注这些设备的安装和使用情况，因为这部分设备的准确性直接影响整套系统的正确性。

（3）如果是蒸汽吹灰，在吹灰疏水门后要安装温度测点，并根据温度来确定疏水效果，要取消传统的根据时间来确定疏水效果的方法。这样做是要确保吹灰蒸汽的过热度，保证吹灰的效果，另外也防止不必要的蒸汽的浪费。

3.20.3 改造效果

优化系统能实时在线监测锅炉的积灰状态、锅炉效率和各项损失。进行合理的锅炉受热面吹扫操作指导，还能直观了解到以前无法知道的一些锅炉炉内烟气温度分布等参数，为运行人员对锅炉燃烧调整等操作提供有效指导，使锅炉效率得到提高。

以某电厂 600MW 机组 6 号锅炉吹灰优化系统为例，系统正式投运后，与上年同期的历史平均数据进行比较，锅炉平均排烟温度下降了 3～6℃；在煤的工业分析成分、飞灰含碳量等参数相同的情况下，锅炉效率提高 0.1%～0.3%；对流受热面吹灰执行吹灰优化指导后，总体上吹灰频次减少 1/3 以上。这些都说明，吹灰优化系统不仅在减少吹灰频次、降低排烟温度、减轻对"四管"的磨损和提高锅炉效率方面综合效益明显，而且在部分受热面吹灰频次增加的同时，其保证该时间段受热面的洁净、提高换热效果和节能降耗方面的综合效益也比较明显。

3.21 掺烧劣质煤案例

3.21.1 问题提出

因煤炭市场供需的变化，发电厂设计燃烧煤种一般难以得到满足；同时，随着电煤价格的飞升，发电成本急剧增加。为进一步降低燃料成本，提升企业赢利能力，面对煤炭市场的不利形势，优化燃煤结构、科学合理地开展配煤掺烧工作是应对市场变化和降低企业发电成本的重要举措。按照企业利润最大化的原则，掺烧劣质煤有着非常重要的意义。但是，掺烧劣质煤对机组经济性和安全性有一定影响，必须通过优化配煤、优化燃烧等措施减轻影响。

3.21.2 掺烧方案

某电厂装有 8 台 300MW 机组，一期 4 台机组的设计煤种为大同烟煤（发热量

5013kcal/kg、挥发分 33%、全水 12%、硫分 0.49%)，二期 4 台机组设计煤种为内蒙古准格尔煤矿的混煤（发热量 4892kcal/kg、挥发分 41%、全水 12%、硫分 0.47%)，采用中速磨煤机直吹式制粉系统。

该厂掺烧的劣质煤主要来自内蒙古锡林浩特市胜利煤田东 2 号矿，其煤质基本特性为：发热量在 3000kcal/kg 左右，对燃烧稳定性有一定影响；挥发分在 44% 左右，易自燃；全水在 35% 左右，影响磨煤机干燥出力，导致磨煤机出口温度较低；硫分在 2.4% 左右，对脱硫系统排放指标有较大影响；灰熔点较低，在 1287℃ 左右，结焦性为中等偏强，对锅炉结焦有一定影响。

一、掺烧方式

（1）胜利煤日进煤量小于 6000t 时，采用胜利煤在煤场与其他煤种进行初次掺混、在缓冲罐后与优质煤再次混配的方式进行掺烧。煤场中胜利煤的存储原则上不超过 1.5 万 t。

（2）胜利煤连续 5 天日进煤量超过 6000t 以上时，采用胜利煤在煤场与其他煤种进行初次掺混，在缓冲罐后不再与优质煤再次混配，根据机组负荷及制粉系统检修情况，选择下两层或三层制粉系统直接上优质煤，其他制粉系统上胜利煤的方式进行掺烧。

二、掺烧机组的选择

（1）胜利煤日进煤量小于 6000t 时，首先安排二期机组掺烧胜利煤；当煤场胜利煤存储量超过 1.5 万 t 时，安排一期机组进行掺烧。

（2）胜利煤连续 5 天日进煤量超过 6000t 以上时，同时安排一、二期机组掺烧胜利煤。

三、掺烧比例控制原则

高负荷时段，入炉煤发热量应满足一期机组 165t/h、二期机组 180t/h 给煤量时可带满负荷；低负荷时段（200MW 以下），最下两层制粉系统入炉煤发热量应大于 4200kcal/kg，确保锅炉稳定燃烧。掺配煤应保证入炉煤质含硫量不大于 1.1%，脱硫效率为 92% 以上；吸收塔出口含硫量低于 200mg/m³。

四、运行调整重点

（1）接卸方式：指定二期北煤场为胜利煤接卸区域，采用不集中堆放，均匀卸至煤场的方式。卸车结束后，利用推土机将胜利煤摊开，保证胜利煤与其他汽运煤在煤场均匀掺混。

（2）机组正常运行时，重点监视脱硫吸收塔入口含硫量。当吸收塔入口含硫量高于 2000mg/m³ 时，采取加强除雾器冲洗、控制浆液密度等措施降低吸收塔出口含硫量；当吸收塔入口含硫量大于 2700mg/m³ 时，及时调整掺烧比例，降低入炉煤含硫量,保证脱硫系统达标排放。

(3) 掺烧胜利煤期间,若发生输煤设备故障突然停运事件,输煤皮带检修时间超过 5 天,应清空输煤皮带上的存煤,防止存煤自燃。

(4) 掺烧胜利煤的机组,维持磨煤机出口温度大于 55℃,最高不应超过 75℃。停磨后将磨煤机出口温度降至小于 55℃后关闭磨煤机入口冷热风门、出口门,隔绝磨煤机。如遇紧急停磨,关闭磨煤机各出、入口门,关闭给煤机上、下插板。

(5) 机组运行期间,磨煤机进行检修时,尽量将原煤仓的原煤烧尽,走空给煤机皮带。

(6) 机组停运前 10h,停止上胜利煤,并将原煤仓的原煤烧尽,给煤机皮带走空。

3.21.3 经济效益

该厂从 2010 年起掺烧胜利褐煤总量逐步增大,年度最大掺烧比例为 20% 以上。在保证机组安全稳定运行和环保指标达标排放的前提下,经过综合计算,在不考虑设备磨损和人工费用的前提下,掺烧 1t 褐煤提高利润约 50 元。

3.22 锅炉燃烧调整优化试验案例

3.22.1 问题提出

一、机组概况

某厂 2×600MW 火电机组锅炉采用从美国燃烧工程公司(CE)引进的技术设计和制造。锅炉为亚临界压力、一次中间再热、控制循环炉,采用平衡通风、直流燃烧器四角切圆燃烧方式,设计燃料为烟煤。设计煤种燃烧特性见表 3-17。

表 3-17 设计煤种燃煤特性

项目	符号	单位	设计煤种
低位发热量	$Q_{net,ar}$	MJ/kg	20.51
挥发分	V_{daf}	%	32.04
灰分	A_{ar}	%	39.75
含碳量	C_{ar}	%	52.46
含氢量	H_{ar}	%	3.23
含氧量	O_{ar}	%	5.95
含氮量	N_{ar}	%	0.86
全硫	S_{ar}	%	1.05
水分	M_t	%	6.7

制粉系统采用冷一次风，正压直吹式，每台锅炉配置 6 台 ZGM113G 型中速磨煤机，6 台电子称重式皮带给煤机，设计煤粉细度 R_{90} 为 20%。在 A 层制粉系统装设了等离子点火装置。

二、试验目的

针对运行中存在冷风量大、磨煤机出口温度低、一次风机出口风压高、一次风机电流大、磨煤机电流高、密封风压高、煤粉着火推迟、火焰中心上移、燃烧不稳、高温受热面超温、排烟温度偏高、磨煤机缺少备用等一系列影响锅炉经济性和安全性的问题，有必要进行燃烧优化调整试验，目的是为了寻找最佳的运行工况，指导运行调整，提高锅炉的安全、经济运行。

3.22.2　试验内容

一、制粉系统试验

（1）磨煤机通风量校核试验

对表盘风量进行校核，为运行的精细调整提供依据，同时适当降低运行风量，使携带煤粉对制粉系统设备的磨损降低，如原来最大的风量为 130t/h，优化后只有 98t/h。

（2）一次风冷态试验

通过一次风调平，有效地改善了一次风管的不均匀性，避免了火焰中心偏斜，有利于防止结焦和高温腐蚀。

（3）煤粉细度调整试验，总结规律优化指导运行。

1）煤粉细度与分离器挡板关系试验，画出关系曲线。

2）煤粉细度与加载油压关系试验，画出曲线。

3）煤粉细度与磨煤机出力及出口温度试验，画出关系曲线。

二、锅炉热态调整试验

（1）防止灭火，提高燃烧的稳定性及经济性。

1）燃用设计煤种时一次风率最高达到 40%，鉴于实际煤种为普通烟煤或者劣质烟煤，一次风率降低到 23% 左右，降低了一次风率，有效保证了煤粉着火的稳定性。

2）提高煤粉浓度，根据负荷的不同，原则上以减少磨煤机的台数为主。减少一台磨运行，可以减少冷风量大约有 40t/h，再考虑到磨煤机电耗的减少、排烟温度的降低、空气预热器漏风量的减少、一次风机电耗的降低，总的煤耗下降数量可观。

3）合理调整煤粉细度，充分考虑经济性和安全性。上层磨煤机的细度适当小于下层。

4）在保证制粉系统安全的前提下，尽可能提高磨煤机出口温度，根据煤种变化及时进行调整。提高磨煤机出口温度，减少冷风用量，降低排烟温度。每减少100t/h冷风量，排烟温度要降低7℃左右，影响煤耗约1.5g/kWh。

根据锅炉的运行情况，应采取减少一次风率、减少制粉系统运行台数、提高煤粉浓度、提高磨煤机出口温度的措施，达到稳定锅炉燃烧、降低锅炉排烟热损失、降低制粉系统电耗的目的。

(2) 防止高温受热面超温。

采取提高磨煤机出口温度、提高煤粉浓度、控制一次风率的措施，保证着火及时，控制炉膛出口烟温。改变目前磨煤机平均出力运行方式，按照上层磨煤机出力小于下层磨煤机的运行方式，也可以降低火焰中心。合理使用上两层燃尽风（风门开度和水平摆动角度），减小炉膛出口的残余旋转，减少两侧温差，可消除烟气侧造成的受热面超温。

(3) 防止水冷壁高温腐蚀。

防止水冷壁高温腐蚀的关键，除了降低煤中的含硫量之外，就是要增大下层燃烧器的二次风，高负荷下要适当增大周界二次风门，防止还原性气氛的产生。实际运行中发生高温腐蚀时，各层燃烧器之间是低氧燃烧，局部壁面强还原性气氛严重。局部缺氧时，特别当 O_2 量低于 1.5% 时，H_2S 含量急剧增加，如图 3-10 所示。实验发现 H_2S 的含量大于 0.01% 时，腐蚀危险就显著地反映出来。

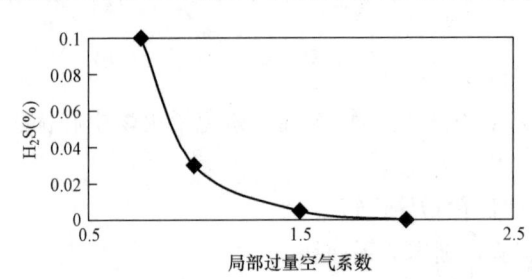

图 3-10 H_2S 浓度与局部过量空气系数的关系

(4) 减少空气预热器的漏风量。

较高的一、二次风压会加大空气预热器的漏风，尾部烟道由于漏风造成的过量空气系数每增加1%，供电煤耗将增大1.3g/kWh左右。

在保持进入磨煤机的风量一定时，尽可能开大磨煤机入口的风门，降低一次风母管风压。这样可一方面减小一次风系统的节流损失，同时还可以降低一次风的漏风率。

(5) 降低再热器减温水量。

再热蒸汽喷水减温使机组循环热经济性降低，再热器减温水对机组的经济性影响很大，一般再热器喷水流量每增加锅炉额定负荷的1%，则机组热经济性约降低0.2%。

为了降低再热器减温水量，可以采取提高磨煤机出口温度，减少一次风率，提高下层磨煤机的出力，降低火焰中心等方法。

三、最佳氧量控制

炉内的含氧量过高会使氮氧化物的排放浓度升高,而过低则会引起水冷壁高温腐蚀、结焦等问题。根据运行煤种,在典型负荷下进行变氧量试验,比较锅炉效率变化,找出最佳控制氧量。

通过试验,600MW负荷时最佳空气预热器入口氧量为2.1%,500MW负荷时最佳空气预热器入口氧量为2.5%,330MW负荷时最佳空气预热器入口氧量为5.8%。如果继续降低氧量,不但锅炉效率开始降低,而且炉内易产生还原性气氛,出现高温腐蚀。

四、磨煤机运行台数比较试验

在各种负荷下,减少磨煤机运行台数,一方面能够降低厂用电率,可以通过综合风机电耗及磨煤机电耗对比;另外,一次风率降低,对于减小空气预热器漏风量,降低排烟温度也有明显的作用。

试验结果及分析:

(1) 在500MW负荷,总给煤量为300t/h左右工况时,6台磨和5台磨运行比较:

1) 磨煤机、送风机、一次风机和引风机总电流,6台磨和5台磨分别为1222.11A和1149.9A,相差72.21A,6台磨运行比5台磨高6.28%。另外,密封风机电流从221.48A降低到205.66A,减小15.82A。

2) 再热器事故总喷水量6台磨和5台磨分别为36.08t/h和18.53t/h,减小17.55t/h。

3) 排烟温度6台磨和5台磨分别为140.11℃和134.95℃,降低5.16℃。

4) 冷风量6台磨比5台磨运行多用38.97t/h。

5) 6台磨和5台磨运行时的一次风率分别为29.09%和24.05%。

6) 在总送风量(6台磨为2106.4t/h,5台磨为2115.9t/h)基本一致的情况下,引风机的电流降低13.18A,说明空气预热器的漏风量减少。

(2) 在550MW负荷,总给煤量为300t/h左右工况时,6台磨和5台磨运行比较:

1) 磨煤机、送风机、一次风机和引风机总电流,6台磨和5台磨分别为1265.4A和1189.1A,相差76.3A,6台磨运行比5台磨高6.42%。另外,密封风机电流相差约20A。

2) 再热器事故总喷水量6台磨和5台磨分别为35t/h和31.6t/h,减小3.4t/h。

3) 排烟温度6台磨和5台磨分别为137.65℃和130.45℃,降低7.2℃。

4）冷风量 6 台磨比 5 台磨运行多用 136.2t/h。

5）6 台磨和 5 台磨运行时的一次风率分别为 29.1%和 24.03%。

6）在总送风量基本一致（2106t/h 和 2116t/h）的情况下，引风机的电流降低 4A，说明空气预热器的漏风量减少。

(3) 在 600MW 负荷，总给煤量为 320t/h 左右工况时，6 台磨和 5 台磨运行比较：

1）磨煤机、送风机、一次风机和引风机总电流，6 台磨和 5 台磨分别为 1338.43A 和 1278.34A，相差 60.09A，6 台磨运行比 5 台磨高 4.49%。另外，密封风机电流相差约 9.31A。

2）再热器事故总喷水量 6 台磨和 5 台磨分别为 73.26t/h 和 45.86t/h，减小 27.4t/h。

3）排烟温度 6 台磨和 5 台磨分别为 142.68℃和 132.66℃，降低 10.02℃。

4）冷风量 6 台磨比 5 台磨运行多用 117t/h。

5）6 台磨和 5 台磨运行时的一次风率分别为 26%和 22.1%。

6）在总送风量基本一致（2300t/h 和 2350t/h）的情况下，引风机的电流降低 16.85A，说明空气预热器的漏风量减少。

3.22.3　试验结论

本次锅炉燃烧调整试验包括了磨煤机通风量校核的试验、一次风均匀性的试验、制粉系统试验、效率试验和热态调整试验。提出了提高磨煤机出口温度、降低一次风压、增大磨煤机的出力、降低磨煤机通风量等建议，并得到应用。经过试验得出了以下结论及建议：

(1) 磨煤机通风量表盘指示偏差太大，经过调整后使得风量指示基本与表盘吻合，运行操作准确，并且降低了对制粉系统设备的磨损速度。

(2) 一次风均匀性关系到了火焰中心的位置和燃烧状态的好坏，如果发生偏斜会出现结焦、高温腐蚀等一系列问题，因此一次风的均匀性是非常重要的。通过测试并调节风门开度的大小，使得四角的风速降低，均匀性达到了许可的范围内，避免了火焰中心偏斜，安全性得到了提高。

(3) 在制粉系统的试验中，测试了 6 台磨煤机的煤粉细度，并根据测试结果，改变了挡板的开度，进行了相应的调整，使得煤粉细度在合理范围之内。另外，将 A、B、C、D、E 五台磨煤机的最大出力，从 55t/h 提高到 68t/h，为降低制粉系统电耗、提高负荷的升降速度、减少助燃油量创造了条件。传统过小的煤粉细度（较小的磨煤机出力）的运行方式，表面上飞灰含碳量较小、效率较高，但实际上制粉电耗增大。建议按照运行煤种、挡板开度及煤粉特性，控制恰当的煤粉细度，且采取下层磨煤机煤粉较粗、上层煤粉较细的方式运行。

(4) 在锅炉效率试验中，在 600MW、500MW 和 330MW 负荷下进行了 9 个不同工况下运行的效率试验。从试验结果可以看出，不同的运行方式对锅炉的效率影响很大，特别注意：

1) 高负荷运行时氧量不能太小，否则水冷壁会发生高温腐蚀；

2) 高负荷运行时，尽量采取 A、B、C、D 磨煤机运行，停 E 或 F 磨煤机，并要求 A、B、C、D 磨煤机高出力，E 或 F 磨煤机低出力，防止火焰中心上移，保证较小的减温水量和高温受热面较小的寿命消耗，提高锅炉运行的可靠性；

3) 保证低负荷运行时氧量不能太大，否则锅炉效率降低；

4) 低负荷运行时，尽量采用 B、C、D 磨运行，停 A 磨既可以显著降低大渣含碳量、提高锅炉效率，又可以保证汽温接近或达到设计值。

因此建议按照在 600MW 负荷时 A、B、C、D、E 磨运行，在 450MW 负荷时 A、B、C、D 磨运行，在 350MW 负荷时 B、C、D 磨运行。另外，为了保证最佳的过量空气系数，既要保证较高的锅炉效率，又要保证较小的辅机电耗，还要保证水冷壁不发生高温腐蚀。

(5) 通过 500、550MW 和 600MW 负荷时 6 台和 5 台磨运行比较可以看出，减少一台磨煤机运行，从制粉系统电耗、磨煤机掺入的冷风量、空气预热器的漏风量、再热事故的减温水量、排烟温度等锅炉的经济性指标方面，以及燃烧的稳定性、防止高温受热面超温方面，对提高锅炉长周期连续稳定运行有着显著的效果。

3.23 应用磁性槽泥和磁性槽楔改造电机的典型实例和节电效果

3.23.1 问题提出

发电厂电机数量很多，电厂技术人员在电机选型和日常节能改造方面对电机节能技术的应用往往重视不够，过分强调了安全性与可靠性；随着我国电机节能技术研究的不断深入，兼顾安全性、可靠性的电机节能技术已取得了长足进展，为电厂电机节能改造指明了方向。

3.23.2 试验内容

某电厂对运行的 191 台高压电机采用磁性槽泥进行改造，并且与绝缘槽楔和普通模压磁性槽楔，在节电、可靠性以及经济性等各方面都进行了比较，试验比较结果，分别如表 3-18～表 3-20 所示。

表 3-18　　　　　　　　430kW 电机空载损耗的比较

槽楔种类	空载电流（A）	空载损耗（kW）	备注
绝缘槽楔	36.25	24.3	每槽有 3 段槽楔
普通模压磁性槽楔	30.9	17.63	
磁性槽泥	32.82	19.13	

从表 3-18 看出，模压磁性槽楔的空载损耗比绝缘槽楔减少 6.67kW，磁性槽泥比绝缘槽楔减少 5.17kW。

表 3-19　　　　　　　　　可 靠 性 比 较

槽楔种类	可靠性	备注
绝缘槽楔	较好	电机运行后松动
普通模压磁性槽楔	差	运行中有时掉块
磁性槽泥	好	不掉块、不松动

表 3-20　　　　　　　　　经 济 性 比 较

槽楔种类	单位	单价（元）	数量	总投资（元）
绝缘槽楔	块	2	4×90=360	720
普通模压磁性槽楔	kg	50	11	550
磁性槽泥	kg	35	8.2	287

从上面比较可看出，用磁性槽泥所构成的磁性槽楔具有一定的优点。

3.23.3　结论

发电厂装有很大数量的高压及低压电动机，虽然单个电机照上述改造后，效益不大，但若能对一批电机实施磁性槽泥改造，其所带来的经济效益也是巨大的。

3.24　6kV 厂用电接线改造案例

3.24.1　问题提出

许多电厂每年的外购电量费用高达上千万元。由于外购电价格高于上网电价，多数电厂因启动备用变压器供机组启停或检修所消耗的外购电，使发电成本大大增加。因而，控制和减少启动备用变压器的外购电量已成为发电厂降低发电成本的一项重要指标。为减少外购电量，应采取一些合理措施，通过改变厂用电接线结构，减少外购电量并提高厂用电系统的安全可靠性。

3.24.2 改造前电气接线及运行方式
一、发电机及电气主接线方式

某燃煤电厂一期工程1、2号两台600MW机组为超临界汽轮发电机组，采用发电机—变压器组单元接线制，发电机与主变压器之间不设断路器，出线接入220kV系统；二期工程3、4号两台1000MW机组为超超临界汽轮发电机组，采用发电机—变压器组单元接线制，发电机与主变压器之间不设断路器，出线接入500kV系统，升压站电气主接线采用3/2断路器接线方式，通过双回500kV线路与电网连接。

二、厂用电接线方式

一期、二期机组厂用电接线完全相同，均为各设置两台高压厂用变压器，其中A高压厂用变压器容量50/31.5-31.5MVA，为三绕组双分裂变压器；B高压厂用变压器容量31.5MVA，为双绕组高压厂用变压器。每台机共分为三段6kV母线。两台机组设两台接在220kV母线上的分裂绕组启动备用变压器，作为两台机组6kV厂用电的备用电源，其中每台机组C段母线具有两路备用电源。两台启动/备用变压器共用一个高压开关，启动/备用变压器的容量为50 000/33 000-33 000kVA。

三、改造前6kV厂用电运行方式

机组正常运行时，各机组6kV厂用分支母线由各自高压厂用变压器接带；启动/备用变压器激磁空载运行，分别作为本期两台机组6kV厂用电源的联动备用电源。机组停运时，机组的6kV厂用分支母线由启动/备用变压器接带，在机组启动时还作为机组启动电源。机组事故情况下，无论何原因导致6kV厂用分支母线电源中断，则通过该母线快切装置自动切换为启动/备用变压器接带。

3.24.3 改造实施过程
一、方案提出

机组正常运行时，为了保证6kV厂用电的可靠，要求启动/备用变压器一直带电空载运行；由于启动/备用变压器容量较大，因此空载损耗较大，不利于节能，同时会增加发电成本。在机组正常或事故停运期间，启动/备用变压器接带机组6kV厂用电源，使得外购电量大大增加，外购电价格与发电上网电价相差较大，额外地增加了发电成本。为降低发电成本，达到节能的目的，有必要对机组6kV厂用电接线进行改造。改造方案就是将一期与二期6kV厂用分支母线通过开关，用电缆进行互连，并且相关6kV厂用分支母线再增设一套快切装置。

二、改造实施

将2号机6kV 20BBC段一个备用间隔与3号机6kV 30BBC段一个备用间隔通

过电缆连接在一起，两侧各装设开关与相应母线连接；将2号机6kV 20BBC段与2号机6kV 20BBA段连接在一起；将3号机6kV 30BBC段与3号机6kV 30BBA段连接在一起。每个联络开关容量均按额定电流1250A考虑，而备用间隔原有开关正好满足这一要求。上述接线改造俗称"手拉手"接线。保护配置：联络电缆配置速断、过流、接地等保护。

三、改造后的运行方式

每台机事故跳闸后，原有启动/备用变压器自动切换功能不变；机组正常运行时，工作变压器与启动/备用变压器之间的正常切换方式仍为并联切换不变。

2号机小修或大修期间，在机组停用一段时间后，若厂用电负荷小于800A时，通过先拉后合方式，将2号机厂用电源倒由运行中的3号机6kV 30BBC段供电。通过先拉后合方式，将2号机6kV 20BBA段厂用负荷倒由2号机6kV 20BBC段供电。

在2号机进入小修尾声，辅机传动试验工作使厂用负荷上升，电流高于800A时，再将电源倒由1、2号启动/备用变压器接带，停止3号机向2号机供电。当3号机小修或大修时，供电方式倒换程序同上。各"手拉手"联络开关正常处于冷备用状态。

四、改造后遗留问题的整改方案

1、2号启动/备用变压器与3、4号启动/备用变压器同接于220kV系统，220kV系统与500kV系统在电网中形成了电磁环网，所以应在三段联络开关上安装厂用电快切装置，通过装置的同期并联切换功能，实现电源间的安全不停电切换，减少运行操作量，确保运行机组厂用电安全。为此，在各联络电源上还应增设电缆差动保护，确保故障对运行机组厂用电的影响减至最小。

五、"手拉手"接线对机组安全性的影响评估

当2号机或3号机的厂用工作电源及启动/备用电源全部失去后，两台机之间可以通过"手拉手"联络回路，实现事故电源的互备。优化和丰富了厂用电的运行方式，进一步提高了机组事故停机电源的可靠性。

为了充分发挥"手拉手"接线作为事故备用电源的安全效益，已在2号机与1号机低压厂用电回路及3号机与4号机低压厂用电回路上，均将2台机380V锅炉工作B段通过电缆连接起来。当任一台机组因厂用工作电源、备用电源和柴油发电机故障全部失去正常供电能力后，可通过临机电源，经低压联络电源回路送电至停用机组的事故保安段，带汽轮机交流润滑油泵、顶轴油泵、汽轮机盘车、发电机密封油泵和空气预热器电机运行。"手拉手"接线所带来的潜在的安全效益巨大。

3.24.4 结论

(1)"手拉手"电源回路，仅在机组大、小修时和机组所有正常厂用电源失去

后投入使用，其供电能力是有限的，应控制电流在 800A 以下，可对相应机组带来经济上和安全上的双重效益。

（2）在 2 号机或 3 号机大、小修时，将其电源由启动/备用变压器切换到运行机组上，能够大量减少网购电量，从而降低生产成本。

（3）"手拉手"联络电源投入使用前，应将停用机组的公用负荷转移至同单元相邻运行机组；而作为供电电源的运行机组，应将其公用负荷部分倒出至相邻机组，确认高压厂用变压器有能力带出停运机组负荷时，再进行电源倒换工作。"手拉手"联络电源开关正常情况应处于冷备用位置。

（4）"手拉手"改造费用问题。因联络电源开关使用备用间隔原有开关，只是花费联络电缆及保护装置改造所需的少量费用，与外购电量所花的费用相比是微不足道的，其所带来的安全效益也是无法估量的。只要把正常方式执行好，提前制定好倒用切换方案和事故处理预案，对于"手拉手"电源操作的安全风险，也是完全能够控制的。